无人机检测与维修

李亚东　曹明兰　秦英杰　编　著

机械工业出版社

本书根据教育部最新颁布的专业教学标准，同时参考相应职业资格标准，以及企业对专业技术人员的技能要求编写。

本书的主要内容包括无人机日常检查与故障管理、无人机元件的检测与更换、无人机传感器的检测与安装、无人机动力系统的检测与维修、无人机飞控的维修与故障处理、无人机链路系统的检测与维修六个项目。

本书可作为职业院校无人机应用技术、无人机测绘技术专业的教材，也可作为企事业单位相关岗位的培训教材。

为便于教学，本书配有电子课件和多媒体资源，选用本书作为教材的教师，可登录机械工业出版社教育服务网（www.cmpedu.com），注册后免费下载，咨询电话：010-88379492。

图书在版编目（CIP）数据

无人机检测与维修/李亚东，曹明兰，秦英杰编著. —北京：机械工业出版社，2024.5（2025.2重印）
ISBN 978-7-111-75788-7

Ⅰ.①无… Ⅱ.①李… ②曹… ③秦… Ⅲ.①无人驾驶飞机-检测-教材 ②无人驾驶飞机-维修-教材 Ⅳ.①V279

中国国家版本馆 CIP 数据核字（2024）第 094762 号

机械工业出版社（北京市百万庄大街 22 号　邮政编码 100037）
策划编辑：王莉娜　　　　　　　　　责任编辑：王莉娜　赵文婕
责任校对：马荣华　杨　霞　景　飞　封面设计：鞠　杨
责任印制：张　博
北京中科印刷有限公司印刷
2025 年 2 月第 1 版第 2 次印刷
184mm×260mm · 12.75 印张 · 310 千字
标准书号：ISBN 978-7-111-75788-7
定价：45.00 元

电话服务　　　　　　　　　　　　网络服务
客服电话：010-88361066　　　　　机 工 官 网：www.cmpbook.com
　　　　　010-88379833　　　　　机 工 官 博：weibo.com/cmp1952
　　　　　010-68326294　　　　　金 书 网：www.golden-book.com
封底无防伪标均为盗版　　　　　机工教育服务网：www.cmpedu.com

PREFACE 前言

为深入贯彻落实《国家教育事业发展"十三五"规划》以及《国务院关于大力推进职业教育改革与发展的决定》等文件精神，适应无人机产业迅猛发展对职业院校专业和课程建设的需求，针对当前职业院校该专业教材缺少的现状，机械工业出版社于 2018 年 5 月 11—13 日在北京召开了职业院校"无人机应用技术专业"产教融合、教材与资源建设会议。在会上，来自全国无人机应用技术专业的骨干教师、企业专家研讨了新形势下该专业的课程体系以及教材和资源建设原则、方法、内容等。

本书贯彻落实《中共中央关于认真学习宣传贯彻党的二十大精神的决定》，推动党的二十大精神进教材、进课堂、进头脑，结合职业教育特点，本着"以学生为中心"的原则，基于突出专业核心技能培养的教材建设指导思想，将行业、岗位标准，新技术、新工艺、新规范以及企业优质案例资源融入教材，同时以显隐结合的方法将政治认同、家国情怀、理想信念、职业素养等融入教材。

本书以民用微小型无人机的检测与维修为主线，系统地介绍了无人机各部件的检测与维修方法，使读者在实践的基础上提高解决无人机故障的能力。全书的编写力求实现科学性、系统性和实用性有机结合，为满足实训教学的需求，各任务都有详细的操作步骤，有利于教师备课及学生课后练习和复习。本书将理论知识与实践技能相结合，致力于提高读者无人机检测与维修技术技能。

本书由李亚东、曹明兰、秦英杰编著，其中北京工业职业技术学院李亚东负责项目 1、2 的编著，北京工业职业技术学院曹明兰负责项目 3、4 的编著，北方天途航空技术发展（北京）有限公司秦英杰负责项目 5、6 的编著。全书由李亚东统稿。

在本书的编著过程中，编著者参考了国内外出版的有关教材和资料，在此一并表示感谢。

由于编著者水平有限，书中不足之处在所难免，恳请专家和广大读者批评指正。

编著者

二维码索引

（续）

序号	名称	二维码	页码	序号	名称	二维码	页码
15	使用万用表检测电池电流		127	19	使用示波器查看 PWM 波形		156
16	无人机电池的充电		128	20	更换图传设备		178
17	无人机电池的放电		130	21	富斯遥控器与接收机对频		188
18	拆卸舵机		148	22	Futaba 遥控器与接收机对频		190

CONTENTS
目录

CONTENTS

项目1

无人机日常检查与故障管理

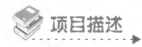

项目描述

无人机设备在使用过程中，突然丧失了某一功能，称为无人机设备故障。无人机设备的维修工作是指在发生设备故障时，对无人机设备进行维护和修理，以恢复其功能，使无人机保持完好状态而进行的技术活动。在使用无人机过程中，当设备出现故障时，需尽快排除，以避免发生更多损失。故障管理是分析引发故障的原因，确定消除故障的有效方法，并做好反馈工作的过程。

无人机是较精密的不载人飞行器，任何部件的微小变动都会影响其飞行状态和使用寿命。为保证飞行安全，使飞行器持续在最佳状态工作，需要对无人机设备进行日常检查与维护，以排除异常因素和故障隐患，提升无人机设备的可靠性，降低故障出现的频率，延长设备使用寿命。在无人机日常检查过程中，需耐心细致地完成每一项检查内容，重视细节问题，避免不必要的损失。熟练使用无人机维修工具是做好无人机维修工作的基础，本项目介绍使用无人机维修检测与电热工具的方法，为掌握无人机故障检测与维修技能打下基础。

任务 1.1　无人机日常检查

任务目标

1. 知识目标

1）掌握无人机的机身结构、动力系统、飞控导航系统的组成。

2）掌握无人机的日常检查内容、检查要点及检查周期。

3）熟悉无人机机身状态检查、连接件检查、动力设备检查的内容与方法。

4）熟悉常用图传设备及载荷设备的日常检查内容与方法。

2. 能力目标

1）能够按照要求检查无人机设备的整机状态。

2）能够按照要求检查无人机各部件的连接状态。

3）能够按照要求检查图传设备的工作状态。

4）能够按照要求检查无人机设备各部件的连接状态。

3. 素养目标

1）通过对无人机进行日常检查，培养严谨认真、一丝不苟的工作态度。

2）通过对各部件的细致检查，培养专心致志、精益求精的工匠精神。

3）通过规范使用维修工具，培养规范意识和安全意识。

任务分析

无人机设备一旦出现故障，其维修的成本较高，因此日常的维护与保养就显得尤为重要。

在学习无人机机架结构组成、动力系统组成、飞控导航系统等基础上，本任务主要介绍无人机机身状态检查、连接件检查、动力设备检查、图传设备检查、载荷设备检查等日常检查与维护内容，同时介绍无人机的日常检查内容、检查要点及检查周期等知识。

1.1.1　无人机机架结构

机架是多旋翼无人机的主体结构，是承载所有设备的基础平台。因此，多旋翼无人机机架的结构很大程度上决定了多旋翼无人机的性能。机架提供稳定且坚固的平台，使无人机在力的作用下保持稳定并避免损伤，在满足一定强度要求的前提下，尽可能减小机架质量，为提升无人机性能和增加其他设备提供更大的余量。机架虽然不是多旋翼无人机的核心部件，但机架的质量对无人机的整体质量有重要的影响。品质优良的机架不仅质量小、强度高、可靠性好、使用寿命长，而且具有较好的稳定性，可有效提高载重和延长飞行时间。机架主要由主机身、机臂、电动机安装座、脚架等组成，如图1-1所示。

1. 主机身

主机身用于安装所有机臂以及飞控设备等电子设备。无人机的主机身由前端、中心、后端三部分组成，通常采用密度小、强度高的复合材料和金属材料制成，以保证无人机在高速飞行时的稳定性和机动性，如图1-2所示。

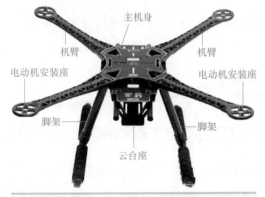

图1-1　无人机机架结构

图1-2　无人机主机身

2. 机臂

机臂是无人机主机身与电动机安装座的连接部件，用于支撑电动机和螺旋桨，也是无人机机身结构中受力最大、最复杂的部件，如图1-3所示。轴数越多的多旋翼无人机，其机臂数量也越多。一些Y形结构的多旋翼无人机的机臂分大臂和小臂。

3. 电动机安装座

电动机安装座是用于固定电动机的机构，在无人机每个机臂末端都会有相应的电动机安装座，通过螺钉连接把电动机固定在上面。有的无人机将电动机安装座与机臂制成一

图1-3　无人机的机臂

体，有的无人机是将机臂与电动机安装座以不同材料分开制造，无人机的电动机安装座如图1-4所示。

4. 脚架

绝大部分多旋翼无人机都有脚架。脚架的主要作用在于支撑无人机主机身，提高螺旋桨桨叶与地面距离，方便多旋翼无人机起降，并能分散多旋翼无人机在着陆时产生的冲击力，起到缓冲作用。无人机的脚架如图1-5所示。

图1-4　无人机的电动机安装座　　　　　　图1-5　无人机的脚架

1.1.2　无人机动力系统

目前民用无人机普遍使用的是电动动力系统。电动动力系统主要由无刷电动机、电子调速器和动力蓄电池三部分组成。

1. 无刷电动机

无刷电动机采用电子换向、线圈不动、磁极旋转的形式。其作用原理是通过霍尔元件，感知永磁体磁极的位置，适时切换线圈中电流的方向，保证产生正确方向的磁力以驱动电动机。无刷电动机如图1-6所示。

图1-6　无刷电动机

电动机的型号以其部件尺寸为依据，由4位数字组成，其中前面两位数字表示电动机的直径，后面两位数字表示电动机的长度或高度。例如无刷外电子2208电动机，表示其直径是22mm，长度是8mm。

电动机的转速一般用KV值来表示。KV值是指电动机在空载状态下，提高单位电压时所能提高的电动机转速，也可以简单理解为空载状态下电动机转速和电压的比值。KV值是无人机电动机最重要的参数之一。

无刷直流电动机具有体积小、功率大、无电火花噪声干扰且使用寿命长等特点。

2. 电子调速器

电子调速器用于起动无刷电动机和控制无刷电动机的转速，并能为其他设备供电。

电子调速器将电池的直流电转化为三相交流电，驱动无刷电动机运转，同时，电子调速器一般还能调节电流大小并为其他设备供电，因此，无刷电子调速器的品质非常重要。

3. 动力蓄电池

动力蓄电池主要为电动机的运转提供电能。通常采用化学蓄电池作为电动无人机的动力电源。目前旋翼无人机电源系统多采用锂离子动力蓄电池和锂聚合物蓄电池。

（1）锂离子动力蓄电池 锂离子动力蓄电池从 20 世纪 70 年代开始进入实用化阶段，具有以下优点：

1）相对电压高。其相对电压是镍镉电池和镍氢电池的 3 倍，更适合用作动力蓄电池。

2）质量和体积小。其质量是相同容量的铅酸电池的 1/4~1/3。

3）使用寿命长。循环使用次数可达 1000~3000 次，使用年限可达 5~8 年。

4）温度适应性强。锂离子动力蓄电池的工作温度范围为 -40~55℃。

5）无记忆效应。锂离子动力蓄电池充放电深度对其寿命影响不大。

6）无污染。由于锂离子动力蓄电池不存在有毒物质，因此被称为"绿色电池"。

但是，相同电压和容量的锂离子动力蓄电池的价格是铅酸电池的 3~4 倍，其使用的液体或胶体电解液存在泄漏的安全隐患。

（2）锂聚合物蓄电池 由于锂聚合物电池（LiPo）中没有多余的电解液，因此其性能更稳定，也不易因电池的过量充电和碰撞而引发危险。锂聚合物蓄电池比相同容量的锂离子蓄电池的放电量高。锂聚合物蓄电池具有小型化、超薄化、轻量化、高能量、高安全性等特点。

1.1.3 飞控导航系统

飞控导航系统是无人机的核心系统之一，按功能的不同，可分为导航子系统和飞控子系统两部分。导航子系统向无人机提供位置、速度、飞行姿态等参数，引导无人机沿指定航线安全、准时、准确地飞行。飞控子系统是控制无人机完成起飞、巡航、执行任务、返场回收等整个飞行过程的核心系统。

飞控导航系统主要由主控器、GPS 指南针模块和 LED 指示灯模块组成。

1. 主控器

无人机飞控导航系统通过主控器将电子调速器和遥控接收机等设备连接起来，从而实现自动驾驶功能。其中惯性测量单元（inertial measurement unit，IMU）包含 3 轴加速度计、3 轴陀螺仪和气压高度计，用于识别姿态和高度。A2 多旋翼飞控系统主控器如图 1-7 所示。

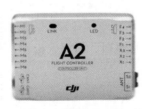

图 1-7 A2 多旋翼飞控系统主控器

2. GPS 指南针模块

全球定位系统（global positioning system，GPS）是由美国国防部研制并建立的一种全方位、全天候、全时段、高精度的卫星导航系统，能为全球用户提供低成本、高精度的三维位置、速度和精确定时等导航信息。多旋翼无人机在没有 GPS 的前提下，无法实现自动飞行，其自动航线飞行必须建立在无人机清楚自身的地理位置的前提下进行。GPS 指南针模块包含 GPS 模块和指南针模块，用于精准确定无人机的方向及经纬度等位置信息，对于失控保护自动返航、精准定位悬停等功能的实现至关重要。GPS 指南针模块的主要作用如下：

1）提供经纬度，使无人机能够获得地理位置信息，从而实现定位悬停和规划航线飞行。

2）提供无人机的高度、速度、时间等信息支持，以提高无人机飞行稳定性。

北斗卫星导航系统（beidou navigation satellite system，BDS）是我国自行研制的全球卫星导航系统，可提供高精度定位及应急通信服务。北斗系统能为无人机应用通信提供更为广泛的覆盖范围以及更强的可靠性。北斗无人机有以下特点：

❖ 提供实时精确位置信息的导航定位。利用北斗地基增强系统，无人机可获得实时的厘米级位置信息并导航定位。

❖ 显著提高无人机导航的可靠性。北斗无人机能同时搜寻并利用多颗导航卫星信号，极大地提高了卫星导航定位的可靠性。

❖ 增强无人机处理突发事件能力。可设置专用指令，使无人机出现故障的时，即使没有移动信号的区域，也可通过北斗技术进行搜救和维修。

3. LED 指示灯模块

LED 指示灯模块用于实时显示无人机飞行状态，它能帮助操作者实时了解无人机在飞行状态下的各项参数。目前 LED 指示灯模块主要通过颜色、闪烁频率、显示次数等方式表达无人机飞行状态。例如，在大疆无人机 MG-1 的 LED 显示中，黄灯快闪表示电量报警，黄绿灯快闪表示磁罗盘异常。

1.1.4 检查机身状态

检查机身状态主要包括以下内容。

1. 检查主机身

无人机主机身在飞行时会发生较为强烈的振动，因此应检查主机身框架结构是否牢固，机臂及脚架是否完好，螺旋桨有无破损、是否存在裂纹。

2. 检查紧固件

检查螺栓、卡扣、铆钉等连接部位是否有磨损、损坏、松动、滑丝、生锈等情况，若有应及时处理。

3. 更换易损件

由于植保无人机常与农药接触，而农药均有不同程度的腐蚀性，因此需要及时检查和更换植保无人机的管道、转接头、喷嘴、流量计、液位计等与农药接触的部件。

4. 检查电动机

检查电动机有无异响、卡转的情况，检查轴承是否晃动、有无虚位。保证无人机电动机能维持良好的动平衡。如果发现无人机振动过大，则须更换电动机。

5. 检查螺旋桨

规范安装螺旋桨可有效防止主机身产生振动。例如，桨帽螺旋桨一体式的固定方向与该螺旋桨所在电动机的转动方向相反,应检查正反桨叶的安装是否正确,可用手轻轻晃动螺旋桨,确保螺旋桨的固定牢固可靠。

6. 检查锂聚合物动力电池

确保无人机锂聚合物动力电池的电量充足,避免在低电压情况上电。检查动力电池插头是否连接可靠,若连接处有缝隙,则易导致插头过热。检查动力电池插头是否有明显打火痕迹,如明显发黑,则需考虑更换插头。

1.1.5 检查连接件

检查连接件主要包括以下内容。

1. 检查电动机连接件

1)检查电动机与电子调速器的连接线(图1-8),连接线和热缩管应无破损,如发现破损,可先用绝缘胶带应急包扎处理,条件允许应立即更换。

2)检查电动机、转接板和电动机安装座的固定情况。如电动机或转接板有松动,必须及时用螺钉旋具(俗称螺丝刀)进行调整(将转接板从电动机安装座上拆下,可查看电动机与转接板的固定螺钉)。

3)检查电动机安装座与机臂的固定情况。每个电动机安装座各有两颗螺钉,当螺钉脱落或松动时必须及时补全并拧紧。

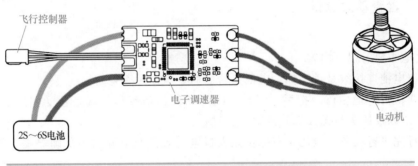

图1-8 电动机与电子调速器的连接线

2. 检查主机身连接件

检查主机身连接件有无松动情况,要保证紧固螺钉无松动、无脱落,机臂、碳板无损伤。

3. 检查飞控系统的连接线

检查飞控系统的连接线有无松动或虚接情况,确保接收机信号线连接正常。A2飞控系统的连接线如图1-9所示。

4. 检查电池插口

检查电池插口有无变形、连接是否牢固。植保无人机主机身与药箱的连接插口须保持洁净。

5. 检查电子调速器连接线

检查电子调速器连接线及外部线缆连接是否可靠,确保连接线无破损。

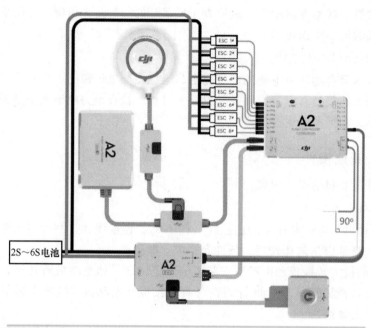

图 1-9　A2 飞控系统的连接线

1.1.6　检查动力设备

1. 检查电池

检查电池主要有以下内容。

1）检查电池连接线是否破损，电池是否膨胀，电压是否稳定。

2）定期检查电池主体、把手、线材、电源插头，观察其外观是否受损、变形、腐蚀、变色、破皮，以及插头与无人机的接插是否过松。

3）执行完飞行任务，应用干布擦拭无人机电池表面及电源插头，确保没有异物，以免腐蚀电池。

4）智能电池自带的 LED 指示灯，可以显示当前电池电量，如图 1-10 所示。

作业期间每天要检查确认，非作业期间可每周维护确认。

2. 检查电动机

检查电动机，确保其转动顺畅且方向正确、无异响、安装牢固。如有杂音或旋转阻力过大，可能损坏电动机，需更换电动机。多旋翼无人机的电动机如图 1-11 所示。

图 1-10　智能电池的电量指示灯

图 1-11　多旋翼无人机的电动机

3. 检查螺旋桨

展开全部桨叶，确保其完好无损，检查螺旋桨，确保其安装牢固，螺钉锁紧，无松动或脱落。如果螺旋桨的安装不规范，则易使主机身产生明显振动。无人机的螺旋桨如图 1-12 所示。

图 1-12　无人机的螺旋桨

1.1.7　检查图传设备

检查图传设备主要有以下内容：

1）检查图传设备外观，确保其完好无破损。如有损坏，须及时更换，防止因图传设备破损导致传感器进水而产生故障。

2）检查图传设备的工作状态是否正常。

3）不使用图传设备时，将其自带的保护帽盖好，避免阳光直射或暴晒。

4）若长时间存放，应先将图传设备擦拭干净，再将设备放在运送箱内或具有防电击功能的塑料容器内。

5）避免用硬物直接接触图传设备，以免刮花设备表面。

1.1.8　检查载荷设备

以植保无人机的载荷设备为例，说明检查载荷设备的主要内容。

1）检查水泵，确保其运行声音正常。严禁水泵在药桶中的液体被抽空的状态下工作。

2）严禁水泵内进入金属颗粒、胶皮、棉纱、塑料布等杂物，以免损坏水泵。

3）检查水泵与管路的连接状态，确保其无松动。

4）检查软管，确保其无破损、无起包等情况。必须保证软管的密封性。

5）检查药箱泄气阀，确保其畅通且伸缩管弹性正常。

6）检查水泵、药箱、电池的接口，确保其连接牢固可靠。

7）检查喷头，确保其喷洒正常，若喷头被异物堵塞，需清洗过滤网与喷头，若堵塞严重，则需更换新喷头。

无人机作业期间每天要检查确认，非作业期间可每周检查确认。

🔖 任务准备

完成无人机日常检查与故障管理任务，需要分组准备材料和工具，包括多旋翼无人机一架，螺钉旋具、斜口钳、内六角扳手、气吹、万用表、测电器等。

⚙ 任务实施

请完成 F450（红白机臂）无人机日常检查任务，并将检查内容与检查情况填入表 1-1。

表 1-1 F450 无人机日常检查记录表

检查项目	检查内容	检查情况说明
无人机机身	主机身 紧固件	
无人机连接件	电动机连接件 主机身连接件 飞控系统、电子调速器的连接线 电池插口	
无人机动力设备	电池 电动机 螺旋桨	
无人机图传设备	外观 工作情况	
无人机载荷设备	运行情况 外观 连接	

任务评价

请按照表 1-2 所列评价内容与标准对本任务的完成情况进行评价。

表 1-2 无人机日常检查任务评价

评价模块	评价内容	得分
知识模块 （30%）	复述多旋翼无人机机身结构组成（8分）	
	复述多旋翼无人机动力系统组成（12分）	
	熟知无人机飞控导航系统的结构与组成（10分）	
能力模块 （50%）	掌握无人机机身状态检查内容与要点（10分）	
	机体及部件的检查操作正确，没有遗漏部件（10分）	
	正确检查电动机、电池、螺旋桨等动力系统部件（10分）	
	正确检查多旋翼无人机图传设备（10分）	
	正确检查无人机载荷设备（10分）	
素养模块 （20%）	明确各项检查步骤和流程、了解无人机日常检查内容（8分）	
	正确理解无人机日常检查要点（7分）	
	按流程要求实施任务（5分）	
总分		

任务 1.2 无人机故障管理

任务目标

1. 知识目标

1）掌握无人机设备故障的概念和无人机故障管理的目标。

2）掌握无人机故障类型和特点。

3）掌握无人机故障检测方法。

4）掌握无人机设备维修方法。

2. 能力目标

1）能够利用测电压法、测电阻法等检测方法对无人机进行故障检测。

2）能够采用原件维修、换件维修、拼拆修理、应急修理等方法对无人机设备进行维修。

3）能够对无人机设备故障进行排查。

4）能够对无人机链路故障进行排查。

5）能够依据故障管理四要素，编制故障分析报告。

3. 素养目标

1）通过对无人机进行故障管理，培养细致严谨、一丝不苟的学习态度和工作习惯。

2）通过了解无人机故障检测流程，培养严谨认真的组织意识和安全意识。

3）以分组方式完成任务，培养协同合作的职业精神。

无人机故障管理是分析故障原因，确定故障消除方法，总结故障发生规律，做好记录和反馈工作的过程。故障管理的目的是为了对设备故障进行统计分析和性质分析、找出故障原因，以此强化管理、减少故障发生，提高无人机系统的稳定性。

本任务主要介绍无人机设备的故障类型、无人机故障检测原则、无人机故障检测流程、无人机故障检测方法、无人机链路故障排查等内容。当无人机设备出现故障时，能够按照无人机故障检测要点，分析故障原因，编制故障分析报告，记录并做好反馈。

1.2.1　无人机设备故障的概念

无人机设备故障是指无人机设备失去或减少其正常功能的事件或现象，主要表现为无人机设备不能正常运行、技术性能指标降低等。

依据性质的不同，可以将无人机设备故障分为硬件故障和软件故障两种类型。

1. 硬件故障

硬件故障包括接口故障和元器件故障。

（1）接口故障　包括飞控与接收机、接收机与电子调速器、电子调速器与电动机、电动机与桨叶、电子调速器与电池、飞控系统与GPS、飞控系统与数传设备、飞控系统与图传设备、飞控系统与任务设备等连接部位的接口故障。

接口类故障识别较为简单，一般不需要仪器监测，采用目测方法即可查出故障点。不同接口故障的表现形式有所不同，只要熟练掌握组装技术，就可以排除故障。

（2）元器件故障　包括姿态传感器元器件故障、高度计元器件故障、GPS指南针模块元器件故障、电压模块元器件故障、通信模块元器件故障、电子调速器元器件故障。元器件故障需要借助专门的仪器或设备才能检测出故障点。检测元器件类故障需要读懂电路图,维修元器件类故障需要熟练掌握专门仪器或设备的使用方法。常用电子元器件如图 1-13 所示。

图 1-13　常用电子元器件

2. 软件故障

软件故障包括参数类故障和算法类故障等。

参数类故障包括 PID 控制、磁罗盘校准、高度计校准等。无人机 PID 控制可以使用 Flight Review/matlab 软件进行数据分析,主要分析角度和角速率跟踪情况以及电动机是否出现饱和现象。角速率跟踪曲线如图 1-14 所示。

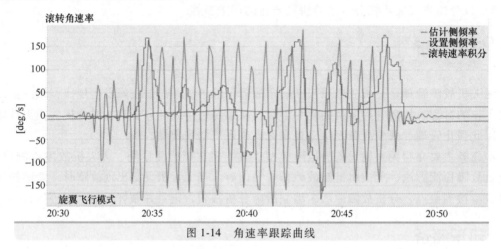

图 1-14　角速率跟踪曲线

1.2.2　无人机设备故障的类型

一台无人机设备在整个使用期内的故障率变化过程有三个时期,即初始故障期、偶发故障期、磨损故障期,如图 1-15 所示。

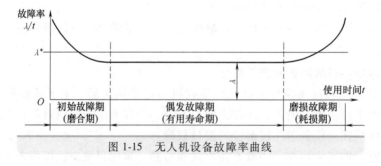

图 1-15　无人机设备故障率曲线

1. 初始故障期

这段时间内,无人机设备故障发生的原因大多属于设计、制造过程中的缺陷。这个时期故障率的趋势随无人机设备的调试和使用者的逐步适应而呈下降趋势。

对无人机设备使用者来说，要认真地安装和调试无人机设备并严格验收，并通过试运转降低故障率。重点是熟悉无人机设备的操作方法，如果使用初期在合理操作无人机设备的情况下发现故障问题。

2. 偶发故障期

偶发故障期多处于设备正常运转时期，故障发生率最低。该时期无人机设备的故障主要是由操作者的不当操作引发的。因此，在该时期应注重正确操作无人机设备，并做好无人机设备的日常维护和保养工作。

3. 磨损故障期

由于设备的磨损和化学腐蚀等原因，使处于磨损故障期的无人机设备的故障率曲线呈上升趋势。为了降低故障率，需要更换部分易损的零部件。因此，磨损故障期的工作重点是对无人机设备进行预防维修和改善维修。

1.2.3 无人机故障检测原则

检测无人机故障可采用"先询问，后拆卸""先外部，后内部""先接口，后元件""先静态，后动态""先清洁，后维修""先电源，后动力，再飞控""先普遍，后特殊""先电路，后器件""先排除，后调试"的原则。

（1）先询问，后拆卸　对于有故障的无人机设备，不用急于动手拆卸，应先询问故障发生前后的经过和故障现象。对于型号不熟悉的无人机设备，还应先了解其电路原理和结构特点，拆卸前要熟悉每个元器件的功能、位置和连接方式。在没有装配图的情况下，应一边拆卸，一边画草图，并做好标记。

（2）先外部，后内部　应先检查无人机设备外部有无明显裂痕、缺损，了解其维修史和使用年限等，后对无人机内部进行检查。在排除外部的故障因素，并确定为设备内部故障后，方可拆卸无人机设备。否则，贸然拆卸无人机设备可能给设备带来额外的破坏。

（3）先接口，后元件　先排除非接口类故障，再检查元器件。检查电路时，应利用检测仪器查找并确定故障位置。确认无接触不良故障后，再有针对性地查看线路与机械的运动关系，以免发生误判或错判。

（4）先静态，后动态　在设备未通电时，依据无人机设备的飞控、接收机、电子调速器、电动机、电池等独立模块的状态，判定故障位置。当无人机设备通电试验时，通过听声音、测参数等方式来分析故障情况并进行维修。

（5）先清洁，后维修　对于受污染较重的无人机设备，应先对其飞控板、接线点、接触点进行清洁，检查无人机设备外部控制键是否灵活。一般情况下，由脏污引起的故障，在清洁无人机设备后往往会被排除。

（6）先电源，后动力，再飞控　由于电源部分的故障率在整个故障设备中所占的比例很高，因此先检修电源往往可以事半功倍。无人机设备故障率第二高的就是动力系统。因此，在确定电源和动力系统无故障后，再去检修飞控板。

（7）先普遍，后特殊　因无人机配件质量问题而引起的故障约占常见故障的50%。无人机设备的特殊故障多为软件故障，比如参数类故障或算法类故障。这类故障可依据经验或借助仪表进行检测和维修。

（8）先电路，后器件　在无人机设备出现故障后，不要急于更换损坏的元器件，可在确认无人机设备电路正常后，再更换损坏的元器件。

（9）先排除，后调试　如果需要调试存在故障的无人机设备，应先排除其故障，再调试设备。必须在线路完好且连接正确的前提下调试无人机设备。

1.2.4　无人机故障检测方法

检测无人机设备故障时通常采用以下方法。

1. 直观法

直观法是根据无人机设备故障的外部表现，通过"问""望""闻""嗅"等方式，检查和判定故障的方法。首先，向操作者和在场人员询问情况，包括故障发生时无人机设备的表现、周围的环境等。比如无人机设备是否接触过不明气体或明火等热源，有无涉水，是否有修理记录等。根据调查情况，查看有关部件外观是否完好、连线有无断路、接头是否松动、有无油垢，开关位置是否正确等。初步检查无碍后，在确保安全的情况下，可进一步实施试机检查。试机中要注重有无严重跳火、气味和声音异常等情况发生，一经发现应立即停机，切断电源。注重检查电器的温升及电器的动作程序是否符合电气设备原理图的要求，便于及时查找故障部位。

2. 测电压法

测电压法是根据电器的供电方式，测量各点的电压值与电流值并与正常值进行比较。具体可分为分阶测量法、分段测量法和点测法。如动力电池的电压值在分电板上、飞控输出都有相应的标准范围。

3. 测电阻法

测电阻法可分为分阶测量法和分段测量法。这两种方法适用于开关和电器分布距离较大的电气设备。

4. 转换元件法

当某些电路的故障原因不易判定或检查时间过长时，为了保证电气设备的利用率，可用同一种性能良好的元器件替换，以确定故障是否由该元器件引起。运用转换元件法检测无人机设备故障时，应对拆下的元器件进行认真检查。只有确定设备故障是因该元器件损坏而造成的，才能更换新的元器件，以免其再次损坏。

5. 逐步开路法

碰到难以查找原因的短路或接地故障，可更换熔断器熔体。首先把多支路并联电路逐路逐步或重点地从电路中断开，然后通电试验。若熔断器一再熔断，则故障点就在刚刚断开的这条电路上。再将这条支路分成几段并逐段接入电路。当接入某段电路时熔断器又熔断，则故障点就在这段电路及某元器件上。这种方法操作简单，但会轻易地把损坏不严重的元器件彻底烧毁。

6. 短接法

一般将无人机设备电路或电器故障归纳为短路、过载、断路、接地、接线错误、电器的电磁部分及机械部分故障六类。以上各类故障中，出现较多的是断路故障。断路故障包括导线断路、虚连、松动、触点接触不良、虚焊、假焊、熔断器熔断等。排除这类故障，除了采用电阻法、电压法检查，还可使用短接法。短接法是用一根绝缘导线，将可能短路的部位接上，若电路恢复正常，则说明该处断路。

1.2.5 无人机设备维修方法

1. 原件修理

原件修理是指在现场利用有效的措施恢复损伤单元的功能或部分功能，以保证无人机完成当前任务或自救。原件修理的方法有多种，传统的有清洗、清理、调校、焊接、焊补等；较新的方法有刷镀、喷涂、黏结、涂覆等。针对无人机具体的损伤部位，可以采用其中一种或多种方法进行修理。

1）机体结构裂纹。在机体裂纹较短的情况下，可对裂纹进行锉修。若裂纹较长，可在其两端或一端钻止裂孔，采用铆接贴补的方法进行修理。

2）仪表指示不准确。无人机设备的仪表指示不准确，可校准后再执行飞行任务。

3）管路堵塞。比如植保无人机的药液管堵塞，可采用清洗的方法进行修理。

4）裂纹与元器件脱落。找到裂纹部位并对其表面进行打磨、清洁后采用焊接或黏结方法修复，或者直接更换脱落的部件。

2. 换件修理

换件修理是利用性能上具有互换性的单元或原材料、油液、仪器仪表、部件等替换无人机设备上受损伤的部分，以恢复无人机设备的功能。换件修理是紧急抢修中经常采用的一种方法，它具有以下优点。

1）节约修理时间、节省人工成本。

2）查找故障原因的过程比较简单。

3）对修理环境和修理人员的熟练程度要求较低，可在野外条件下快速修复无人机设备。

采用换件修理应首先考虑部件之间是否具有互换性。这里的互换性是指现有的零部件或元器件能被同类的零部件或元器件代替。根据载体的不同，一般将互换性分为功能互换性和实体互换性：如果两个给定的项目具有相同的功能，就有功能互换性；如果两个项目能够在同一地方用同一种方式安装、固定和连接，就存在实体互换性。其次，要考虑零部件和元器件的供应情况，零部件和元器件备件的供应和储备通常根据正常使用中更换和消耗的频率而准备。再次，要考虑修理费用、零部件和元器件的采购及运输方面的问题，当部件修理费用比换件费用高或该型号的部件已停产或运输困难时，应采用换件修理的方法。

3. 拆拼修理

拆拼修理是指拆卸相同或不同型号装备上的接口、支座等部件或单元，用以替换损坏的部件或单元。类似的部件或单元可来自本机的非基本功能部分、同类型无人机相同部件和其他型号无人机或装备。

拆拼修理的方法在备件采集中使用较多，可以从报废的无人机上拆下各种接头、支座、接线等作为修理备件，既能修好无人机设备，又节省了工时和原材料。

4. 应急修理

应急修理是指当修理现场因人力、物力和时间等条件限制而暂不考虑无人机长期使用的一种修理方法。应急修理可分为替代和重构两种方法。

1）替代是指使用性能上有差别的单元、仪器仪表、原材料恢复无人机设备的基本功能或部分功能。

2）重新搭构受损无人机，使其能完成基本功能的过程称为重构。比如通过转换开关或改接线路，接通备用系统中的部件，以避开受损部件，或是将非基本功能线路改接为基本功能线路，也可以除去或避开受损部件，使其不影响无人机设备的使用功能。

应急修理是一种临时性的修理措施，其修理方法的选择应根据具体情况和条件综合考量。

1.2.6 无人机设备故障管理

故障管理是分析故障产生原因，确定故障消除方法，总结故障排除经验，做好记录和反馈工作的过程。其主要内容为：严格制订故障管理流程，对故障现象进行统计和性质分析，找出原因并强化管理，以减少故障的发生。无人机设备故障管理的目的在于确保无人机系统的高稳定性。在无人机设备出现故障时，可借助故障管理的分析结果及时发现故障部位并进行设备维修。

1. 制订故障管理流程

编制《无人机设备故障管理办法》，确定防止故障复发的"四要素"，即原因分析、缺陷改善、横向展开、标准化。通过原因分析查找到故障原因；通过缺陷改善弥补可能导致故障再次发生的缺陷；通过横向展开消除其他设备的同类缺陷；通过标准化使好的做法传承下去，达到快速维修目的。

2. 故障分析

依据故障管理的"四要素"，编制表 1-3 所列故障分析报告。

表 1-3 故障分析报告

故障编号		故障位置	
提交时间		故障发生时间	
故障描述			
故障解决过程			
故障解决人员		故障维护人员	
跟踪故障问题			
故障解决结果		故障解决时间	

3. "八步法"

当无人机设备故障发生率较高时，可运用"八步法"，即现象、原因、目标、对策、计划、实施、总结、标准，针对问题，逐一进行分析，长期跟踪重复故障并循环改善，直至达到最大限度控制，快速降低部分重复故障频次。

在进行故障跟踪时,负责人要及时处理突发故障,如果问题得不到解决,则应该及时转给更合适的人员处理。当故障不能马上被排除且会给用户造成不便时,需要向主管负责人报告。

任务准备

完成无人机故障检测与管理任务,需要分组准备材料和工具。每组准备出现故障的四旋翼无人机一架。此外,还需要准备不同型号的螺钉旋具、斜口钳、内六角扳手、气吹、万用表、测电器等工具。

任务实施

1. 分析四旋翼无人机链路系统故障

以无人机的链路系统为例分析无人机链路系统故障,首先要知道无人机链路系统的信号传输顺序。它的传输过程是无人机操控人员借助遥控器发出指令,遥控器将信号传输给接收机,接收机收到信号后,传递给飞控,飞控将收到的指令信号传给电子调速器,电子调速器通过改变电压来控制电动机的转速,从而改变螺旋桨的旋转速度,实现无人机的各种动作。

2. 检测链路系统

如果无人机通信链路出现故障,可能导致无人机设备无法完成指令动作。因此,在检查无人机设备时,可依据以下步骤。

1)检查无人机设备遥控器和接收机是否对频成功。当使用无人机遥控器发出的指令无法正常控制无人机时,需要检查遥控器与接收机之间的信号传输是否出现问题。如果遥控器发出指令后可使无人机设备执行指令动作,则说明遥控器与接收机对频成功。

2)检查接收机与飞控的连接情况。

3)检查飞控与电子调速器的连接情况。

4)检查电子调速器能否给电动机传输正常的电压。

5)查看电动机是否正常。

3. 判断故障类型

根据初步判断,该无人机设备的电子调速器与电动机的连接处松动,导致其无法起飞。

4. 判断故障部位

根据初步判断,该无人机设备的故障部位是电子调速器与电动机的连接处。

5. 编写故障分析报告

详细描述故障情况,记录故障解决过程,并编写故障分析报告。

6. 排查四旋翼无人机飞行振动故障

某型号四旋翼无人机在飞行过程中出现振动过大问题。

要根据不同的问题,查找不同的故障点。当无人机在飞行中机架的振动过大时,需要排查电动机的安装是否牢固、螺旋桨是否水平、机臂折叠件是否松动、电动机固定板是否松动、电动机减震垫安装是否过紧等问题,这些都会导致飞行中的无人机的机架振动过大,因此需要对每项进行逐一检查。

（1）无人机设备飞行中振动过大　检查项目见表1-4。

表1-4　无人机设备飞行中振动过大故障的检查项目

问题	情况核实	检查方法
电动机的安装是否牢固？	□是　□否	检查电机安装是否牢固
螺旋桨是否水平？	□是　□否	检查螺旋桨安装方法及角度是否正确
机臂折叠件是否松动？	□是　□否	使用水平尺检查机臂折叠件是否有松动
电动机固定板是否松动？	□是　□否	检查电动机固定情况
电动机减震球是否安装正确且无松动？	□是　□否	检查减震球安装情况
减震垫安装是否过紧？	□是　□否	检查减震垫状态
飞控系统传感器、电动机连接是否牢固？	□是　□否	检查飞控系统连接情况
无人机外观是否有裂缝或是结构松动？	□是　□否	检查无人机整体结构

（2）无人机设备在飞行中机头不正　无人机飞行时机头不正是指无人机飞行方向与操作者遥控器发出的指令有偏差。检查项目见表1-5。

表1-5　无人机设备飞行中机头不正故障的检查项目

问题	情况核实	检查方法
脚架是否松动？	□是　□否	检查脚架部位安装情况
磁偏角度数设置是否正确？	□是　□否	检查磁偏角度数设置
独立磁模块安装角度是否正确？	□是　□否	检查独立磁模块安装角度

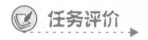 任务评价

对于无人机故障管理任务，请按照表1-6所列评价内容与标准进行任务评价。

表1-6　无人机故障管理任务评价

评价模块	评价内容	得分
知识模块 （30%）	复述无人机设备的故障类型（8分）	
	复述无人机故障检测原则与方法（12分）	
	熟知无人机设备维修方法与故障管理内容（10分）	
能力模块 （50%）	正确分析四旋翼无人机链路系统故障（10分）	
	正确检测四旋翼无人机链路系统（10分）	
	排查无人机在飞行过程中振动过大的故障原因（15分）	
	排查无人机在飞行过程中机头不正的故障原因（15分）	
素养模块 （20%）	故障检测步骤正确，了解故障原因排查过程中的安全注意事项（8分）	
	遵守安全操作规范（7分）	
	按流程要求实施任务（5分）	
总分		

任务 1.3　无人机维修检测仪器的使用

 **任务目标**

1. 知识目标

1）掌握万用表的结构和工作原理。

2）了解万用表的类型和作用，掌握其使用方法。

3）掌握示波器的基本结构、分类、作用和触发方式等。

4）掌握示波器的使用方法。

2. 能力目标

1）能够正确使用万用表和示波器。

2）能利用万用表测量电阻、电压和电流。

3）能利用示波器检测超声波信号。

4）能够使用示波器测量各种交流信号、数字脉冲信号及直流信号。

3. 素养目标

1）通过使用检测仪器，培养遵守操作规范的职业品质。

2）通过完成本任务，培养勇于发现问题、实事求是、诚信担当的职业精神。

3）通过团队合作，培养敢担当的精神。

任务分析

万用表和示波器是常用的检测无人机设备的工具。万用表主要用于测量元器件的电压、电流及电阻值。示波器能把肉眼看不见的电信号转换成可见的波形图像，人们借助图像可观察不同信号幅度随时间变化的波形曲线，还可以用它测试电压、电流、频率、相位差、调幅度等。

本任务主要学习万用表的类型、工作原理与使用方法，示波器的基本结构、分类、作用及其触发方式。

知识储备

1.3.1　万用表

1. 万用表的类型

万用表是电力电子等相关领域不可缺少的测量仪表，用以测量电压、电流和电阻值，是一种多功能、多量程的测量仪表。一般来说，万用表可用于测量直流电流、直流电压、交流电流、交流电压和电阻值等，有的还可以测量电容量、电感量及半导体的一些参数。一般将万用表分为模拟式万用表和数字式万用表。

（1）模拟式万用表　又称指针式万用表，其外部面板上主要有表头、转换开关、表笔及插孔、测量电路。

1）表头。表头是万用表的关键部件，万用表的主要性能指标基本上取决于表头的性能。表头的灵敏度是指表头指针满刻度偏转时流过表头的直流电流值，该值越小，表头的灵敏度越高，测电压时的内阻越大，其性能越好。万用表的表头都是采用高灵敏度的磁电系测量机构，表头的满偏电流常为几十微安。万用表的满偏电流越小，灵敏度越高，测量电压时仪表的内阻就越大。

2）转换开关。万用表中的转换开关又称功能旋钮，它的作用是用来选择不同的测量电路、改变测量范围。

3）表笔及插孔。表笔分为红、黑两色。使用时应将红表笔插入标有"＋"号的插孔，黑表笔插入标有"－"号的插孔。

4）测量电路。测量电路是用来把各种被测量转换到适合表头测量的微小直流电流的电路。测量电路中使用的电阻元件主要是线绕电阻和金属膜（早期的万用表用碳膜）电阻。低阻值电阻用锰铜材料制成线绕电阻，较高阻值用金属膜电阻。电路中的可调电阻一般都采用线绕电位器。

（2）数字式万用表　在无人机维修中不涉及交流电压和交流电流的测量，主要检测直流电压、直流电流、电感、电容、晶体管等。在无人机维修中一般使用数字式万用表，如图1-16所示。数字式万用表是利用模拟/数字转换原理，将被测量模拟电量参数转换成数字电量参数，并以数字形式显示的常用仪表。与指针式万用表相比，它具有精度高、速度快、输入阻抗高、对电路影响小、读数方便且准确等优点。

数字式万用表主要由表头、测量电路及转换开关三个主要部分组成。

1）表头一般由模拟/数字（A/D）转换器、外围元件和液晶显示屏组成，为磁电系测量机构，它只能通过直流电流，需利用二极管将交流电流转换为直流电流，从而实现交流电流的测量。测量值由液晶显示屏直接以数字的形式显示。

2）测量电路可将不同性质和大小的被测量转换为表头所能接受的直流电流。测量电路由电阻、半导体元件及电池组成。将不同的被测量（如电流、电压、电阻等）、不同的量程，经过一系列的处理（如整流、分流、分压等）统一变成一定量限的微小直流电流送入表头进行测量。

3）用转换开关选择各种不同的测量电路、被测量的种类和量程（或倍率），以满足不同种类和不同量程的测量需要。转换开关一般是一个圆形拨盘，在其周围分别标有功能和量程。

2. 万用表的工作原理

万用表的基本原理是用一只灵敏的磁电系直流电流表（微安表）作为表头。当微小电流通过表头，就会有电流指示。因为表头不能通过大电流，所以必须在表头上并联或串联一些电阻进行分流或降压，从而测出电路中的电流、电压和电阻值。

数字式万用表的工作原理是由转换电路将被测量转换成直流电压信号，再由模拟/数字（A/D）转换器将电压模拟量转换成数字量，然后通过电子计数器计数，最后把测量结果以数字形式直接显示在液晶显示屏上。用万用表测量电压、电流和电阻值是通过转换电路实现的，而电流、电阻的测量都是基于电压的测量，也就是说数字式万用表是在数字式直流电压表的基础上扩展而成的。数字式直流电压表A/D转换器先将随时间连续变化的模拟电压量转换成数字量，再由电子计数器对数字量进行计数得到测量结果，并由译码显示电路将测量结果显示出来。数字式万用表的工作原理如图 1-17 所示。

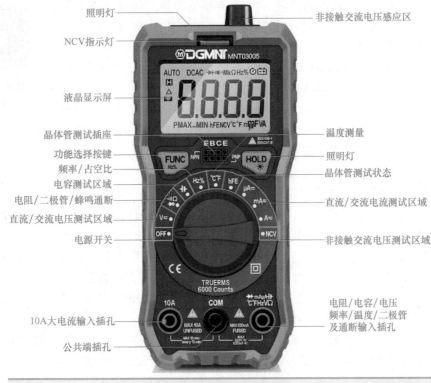

图 1-16　数字式万用表面板

3. 万用表的使用方法

（1）数字式万用表的使用方法

1）测量电阻。打开电源开关，将黑表笔插入公共端"COM"插孔，红表笔插入"VΩ"插孔，如图 1-16 所示。将转换开关置于欧姆档，如果被测电阻阻值未知，应选择最大量程，再逐步减小量程；将两表笔跨接于被测电阻两端，液晶显示屏显示被测电阻阻值。当液晶显

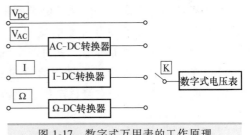

图 1-17　数字式万用表的工作原理

示屏显示最大值"1"（溢出符号）时，必须将转换开关向高电阻值档位调整，直到液晶显示屏显示有效值为止。为了保证测量结果的准确性，在路测量电阻时最好断开电阻的一端，以免在测量电阻时电路中形成回路，影响测量结果。

需要注意的是，不允许在通电情况下进行在路测量，测量前必须先切断电源，并将大容量电容放电。

2）测量电压。打开电源开关，将红、黑表笔分别插入数字式万用表的电压检测端"VΩ"插孔和公共端"COM"插孔；将转换开关置于直流/交流电压测试区域；将数字式万用表的红表笔与待测电路的正极连接，黑表笔与负极连接，即可测量待测电路的电压值。

原则上由高电压档位逐渐往低电压档位调节测量，直到显示该档位示值的 1/3～2/3 为

止，此时的数值比较准确。

需要注意的是，严禁用小电压档位测量大电压。不允许在通电状态下调整转换开关。

3）测量二极管。打开电源开关，将转换开关调至二极管检测档位，黑表笔接二极管负极，红表笔接二极管正极，即可测量出正向压降值。

测量二极管

4）测量晶体管电流放大倍数。打开电源开关，将转换开关调至"hEF"档，根据被测晶体管选择"PNP"或"NPN"位置，将晶体管正确地插入测试插座，即可测量晶体管的电流放大倍数。

5）检测开路。打开电源开关，将转换开关调至蜂鸣通断档位，红、黑表笔接被测电路，若液晶显示屏显示阻值为（20±10）Ω，蜂鸣器就会发出响声，表示电路连通，蜂鸣器不响则说明电路不通。

需要注意的是，不允许在电路通电的情况下进行检测。

（2）数字式万用表的显示位数 常见数字式万用表的显示位数为31/2位~81/2位。

31/2位（读作三又二分之一位）又称三位半，表示该万用表有三位可以显示数字0~9，最高位只能显示"0"或"1"，如果最高位是"1"，那么最大读数是1999。

41/2位（读作四又二分之一位）又称四位半，即该万用表有四位可以显示数字0~9，最高位只能显示"0"或"1"，如果最高位是"1"，那么最大读数是19999。

32/3位（读作"三又三分之二位"）数字式万用表的最高位可显示"0"或"1"或"2"三位数字，故最大读数为2999。

31/2位数字式万用表属于手持式万用表，41/2，51/2位（6位以下）数字式万用表分为手持式和台式两种。61/2位以上数字式万用表大多属于台式万用表。

1.3.2 示波器

示波器是一种用途十分广泛的电子测量仪器。它能把肉眼看不见的电信号转换成可见的图像，便于人们研究各种电现象的变化过程。示波器利用狭窄的、高速的电子组成的电子束，打在涂有荧光剂的屏幕上，就可产生细小的光点。在被测信号的作用下，电子束如同笔尖，可以在屏幕上"描绘"出被测信号的变化曲线。利用示波器能观察不同信号随时间变化的波形曲线，还可以用它测试电压、电流、频率、相位差、调幅度等。

1. 示波器的基本结构

示波器的主要部分由示波管、信号放大器和衰减器、扫描系统等组成。

（1）示波管 主要包括荧光屏、电子枪和偏转系统，其密封在高真空的玻璃外壳内。

1）荧光屏是示波器的显示部分，当加速聚焦后的电子束被打到荧光屏上时，屏幕上所涂的荧光剂就会发光，显示出电子束的位置。当电子束停止作用后，荧光剂的发光需经一定时间才会停止，这种现象称为余辉效应。

2）电子枪由灯丝（H）、阴极（K）、控制栅极（G）、第一阳极（A1）、第二阳极（A2）组成。灯丝通电后加热阴极。阴极是一个表面涂有氧化物的金属筒，被加热后发射电子。控制栅极是一个顶端有小孔的圆筒，套在阴极外面，它的电位比阴极低，对阴极发射出来的电子起控制作用，只有初速度较大的电子才能穿过栅极顶端的小孔，然后在阳极的加速下奔向荧光屏。示波器面板上的"亮度"调节功能是通过调节电位来控制射向荧光屏的电子流密度，从而改变了荧光屏上的光斑亮度。阳极电位比阴极电位高很多，电子被它们之间的电场加速后形成射线。当控制栅极、第一阳极、第二阳极之间的电位调节合适时，电子枪内的电场对电子射线有聚焦作用，因此第一阳极也称聚焦阳极，而第二阳极的电位更高，故又称加速阳极。示波器面板上的"聚焦"调节功能就是调节第一阳极电位，使荧光屏上的光斑成为明亮、清晰的小圆点。有的示波器还有"辅助聚焦"调节功能，实际上是调节第二阳极的电位。

3）偏转系统由两对相互垂直的偏转板组成，一对垂直偏转板 Y，一对水平偏转板 X。在偏转板上加以适当电压，当电子束通过时其运动方向发生偏转，从而改变电子束在荧光屏上的光斑位置，容易证明光斑在荧光屏上偏移的距离与偏转板上所加的电压成正比，因而可将电压的测量转化为荧光屏上光斑偏移距离的测量，这就是示波器测量电压的原理。

（2）信号放大器和衰减器　示波管相当于一个多量程电压表，这一作用是靠信号放大器和衰减器实现的。由于示波管的水平偏转板和垂直偏转板的灵敏度不高（约为 0.1~1mm/V），当加在偏转板上的信号过小时，要先将小的信号电压放大再加到偏转板上。为此设置 X 电压放大器及 Y 电压放大器。衰减器的作用是将过大的输入信号电压变小，以适应放大器的要求，否则放大器不能正常工作，使输入信号发生畸变，甚至使仪器受损。对一般示波器来说，通常设有 X 衰减器和 Y 衰减器，以满足各种测量的需要。

（3）扫描系统　也称时基电路，用来产生一个随时间的改变而发生线性变化的扫描电压，这种扫描电压与时间的变化关系如同锯齿，故称锯齿波电压。该电压经 X 放大器放大后加到示波管的水平偏转板上，使电子束产生水平扫描。这样，荧光屏上的水平坐标变成时间坐标，输入的被测信号波形就可以在时间轴上展开。扫描系统是示波器显示被测电压波形必需的组成部分。

2. 示波器的分类

（1）按信号分类　按照信号的不同，可以将示波器分为模拟式示波器和数字式示波器。由于模拟式示波器和数字式示波器具备不同特性，因此在使用时可根据需要选择不同的示波器。

1）模拟式示波器。模拟式示波器的工作原理是直接测量信号电压，并且通过从左到右穿过示波器荧光屏的电子束在垂直方向描绘电压。

2）数字式示波器。数字式示波器的工作原理是通过模拟/数字转换器把被测电压转换为数字信号。数字式示波器捕获的是波形的一系列样值，并对样值进行存储，存储限度以累计的样值能描绘出波形为止，随后数字式示波器重构波形。数字式示波器可以分为数字式存储示波器（DSO），数字式荧光示波器（DPO）和采样示波器。在维修无人机设备过程中，常用的是数字式示波器，其面板如图1-18所示。

（2）按通道数分类　无论是模拟式示波器还是数字式示波器，通常可以根据其通道数的不同分为单通道/单踪示波器、双通道/双踪示波器。

（3）按带宽分类　通常根据测试要求选择示波器的带宽，常有 5M/10M/20M/40M/60M/100M/1G 等类型。要提高模拟式示波器的带宽，需要扩展示波管、垂直信号放大器和水平扫描系统。要改善数字式示波器的带宽，只需要提高前端模拟/数字转换器的性能，对示波管和扫描电路没有特殊要求。数字式示波器通常使用数字存储技术，能充分利用记忆、存储和处理功能，具有多种触发和超前触发能力。

3. 示波器的作用

1）测量电压。示波器可以准确测量各种信号的电压值，包括直流信号、交流信号以及

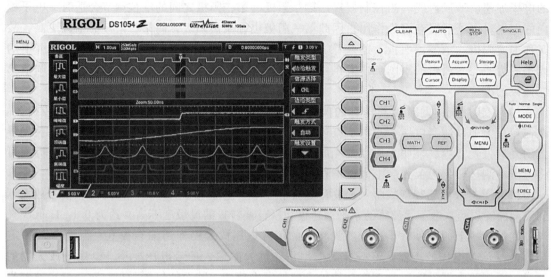

图 1-18　数字式示波器面板

脉冲信号等。

2）测量频率。通过测量信号的周期，示波器可以计算出信号的频率，对于频率稳定性和正确性的检测非常有效。

3）显示波形。示波器可以清晰地显示信号的波形，能够直观地观察信号的变化情况、周期性和形状，从而进行更深入的分析和判断。

4）多通道测量。示波器通常具有多个通道，可以同时对不同信号进行测量和显示。

5）测量相位。示波器可以测量两个信号之间的相位差，这对分析信号之间的相互关系和时序关系非常重要。

6）测量时间。通过示波器的时基功能，可以准确测量波形的时间参数，如周期、脉冲宽度、上升时间、下降时间以及信号之间的时间差等。

4. 示波器的触发功能

（1）触发的作用　触发是示波器非常重要的特征之一，因为示波器具有强大的触发功能，所以能够用于异常信号捕获和电路故障调试。示波器的触发有两个重要作用：

1）捕获感兴趣的信号波形。

2）确定时间参考零点，稳定显示波形。

（2）触发器的工作原理　首先预设一个触发电平，将触发信号与触发电平进行比较，当触发信号穿过触发电平后，电压比较器立即产生一个快沿触发脉冲驱动下一级硬件，以进行边沿触发。触发信号的来源可以是信号自身，也可以是同步的触发信号（或外触发信号）。

（3）触发释抑　触发释抑是指在前一次触发后的一段时间之内，示波器停止触发响应。示波器的触发释抑对于稳定显示爆发波形是非常重要的。如果没有触发释抑，示波器第一次触发在爆发波形的第一个脉冲，第二次有可能触发在爆发波形的第三个脉冲，这样在屏幕看到的就不是稳定的爆发波形串，而是左右晃动的波形。示波器用触发释抑功能解决了这个问题，当示波器第一次触发后，必须经过释抑时间后，才能够进行第二次触发。如果设置的释抑时间大于爆发波形串的时间，则第二次也会触发到第二个爆发波形的第一个脉冲，使整个爆发波形串稳定地显示在示波器的荧光屏上。触发释抑信号如图1-19所示。

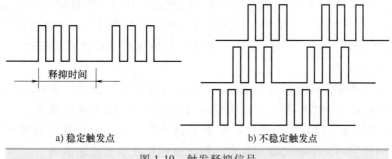

a) 稳定触发点　　　　　　　　b) 不稳定触发点

图1-19　触发释抑信号

（4）触发方式

1）边沿触发。边沿触发是示波器最常用的触发功能，也是示波器默认的触发功能。边沿触发分为上升边沿触发（默认类型）、下降边沿触发和双边沿触发，其信号如图1-20所示。

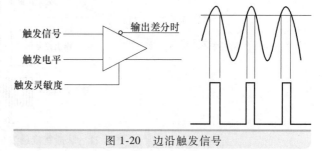

图1-20　边沿触发信号

示波器为使重复波形稳定显示，具有边缘触发最基本的触发方式，上升沿、下降沿和触发电平在信号边缘上构成触发点，重复信号会有多个触发点。触发位置、波形边沿和触发电平决定每次扫描的开始时刻。同时触发位置还代表波形记录中触发的水平位置。边沿触发控制器的作用是使每一次扫描的起始点都从信号的相同触发位置开始，不断地显示输入信号的相同部分，并使每次捕获的波形重叠显示。波形边沿和触发电平的设置成为重复信号显示的标准条件，对于重复信号而言，自动设置（AUTOSET）是最简单的触发方式。

2）边沿再边沿触发。边沿再边沿触发方式是较少使用的触发功能，先检测一个边沿，等一定的时间或一定数量的事件，再触发另一个边沿。它分为基于事件和基于时间两种方式，基于事件是指经过多少个边沿（边沿数量可以设置）再触发；基于时间是指经过多长时间（时间长度可以设置）再触发。

3）边沿转换时间触发。边沿转换时间触发是指触发上升边沿的上升时间或下降边沿的下降时间违规。设定一个边沿时间（上升时间或下降时间），可以选择大于或小于这个时间触发。

4）毛刺触发。毛刺触发是示波器常用的一种触发方式。毛刺分为正向毛刺和负向毛刺，毛刺触发需要设置两个条件：毛刺宽度和毛刺高度，小于设定的宽度和大于设定的高度，即认为是毛刺。

5）码型触发和状态触发。码型触发和状态触发也是常用的一种触发方式。码型触发是指多个通道组成的码型，每个通道按照预设的门限可以判断信号是0或1，多个通道的0或1即可组成码型，示波器即触发预设的码型。具体触发时，有多个触发功能可以选择。

① 发现此码型触发。

② 发现非此码型触发。

③ 码型出现一定时间触发（触发点可选为码型结束时或预设时间结束时）。

④ 码型长度少于预设时间（预设码型最长时间，示波器触发少于预设时间的码型）。

⑤ 码型长度在预设时间范围内触发（预设码型最短时间长度或最长时间长度，示波器触发在此范围内的码型）。

状态触发是一种非常有效的触发方式，特别适用于混合示波器。在状态触发中，基于码型增加一个时钟通道来判断码型，可以用时钟的上升沿和下降沿判断码型。

6）脉冲宽度触发。脉冲宽度触发类似于毛刺触发，也需要设置脉冲宽度和脉冲电平，也分为正脉冲和负脉冲，但它可以进行宽于设定值触发或窄于设定值触发，脉冲宽度触发信号如图 1-21 所示。

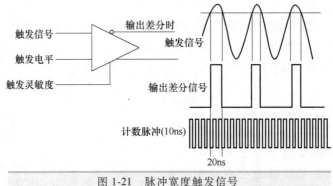

图 1-21　脉冲宽度触发信号

在周期信号中出现的与规定时间宽度不符的异常信号或关心脉冲序列中的某一时间宽度特征码捕获，使用脉冲宽度触发是最佳选择。由于信号在波形的沿上都具有触发点，当隔离捕获异常宽度信号时，利用边沿触发的基本方式设定触发条件是不可能捕获到异常宽度波形的。根据信号的特征（波形宽度问题），选用脉冲宽度触发功能设定触发电平和所要捕获波形的时间宽度（时间触发条件设定为 = 或<或>或≠）。当波形既满足电平触发条件又满足设定的波形时间宽度的触发条件时，通过脉冲宽度触发比较器使示波器触发，捕获到所关心的宽度波形。利用脉冲宽度触发可以长时间监视信号，当脉冲宽度超过设定的允许范围时，引起触发。

7）摆率触发。摆率触发是根据信号的上升/下降时间来判断是否触发，适合处理有三角波、锯齿波等类型的信号。摆率触发信号如图 1-22 所示。

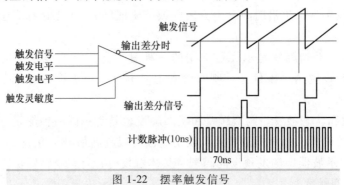

图 1-22　摆率触发信号

在周期信号中，出现的与规定边沿速率不符的异常波形或关心脉冲序列的边沿速率异常的脉冲捕获，使用摆率触发是最佳选择。摆率=幅度/时间，其中幅度表示高、低阀值间的幅度，时间表示波形沿高低阀值之间的时间。摆率表示沿由低电平变化到高电平的速度。

由于信号在波形的沿上都具有触发条件，因此在隔离捕获上升或下降时间异常信号时，利用边缘触发的基本方式设定触发条件，是不可能捕获到关心的波形，可根据信号的特征（波形边沿速度），选用摆率触发功能，设定高、低阀值之间的时间。示波器自动计算摆率（摆率触发条件设定为=或<或>或≠）当波形满足触发条件时，通过触发比较器使示波器触发，捕获到关心的波形边沿信号。

8）建立时间和保持时间触发。建立时间和保持时间触发是一种用于捕获电路中建立时间和保持时间或建立保持时间违规的信号波形。通过设置适当的触发条件，可以确保在波形中准确捕获这些关键时序参数，有助于分析电路中的时序关系、检测信号的稳定性及判断是否符合规范要求。

① 建立时间触发需要定义一个长方形区域作为违规区域，其右边是时钟边沿，左边是预设的建立时间，同时需要设置高、低门限。当信号波形进入该区域时，即可判断信号波形违规，示波器就触发该信号。

② 保持时间触发需要定义一个长方形区域作为违规区域，其左边是时钟边沿，右边是预设的保持时间，同时需要设置高、低门限。当信号波形进入该区域时，即可判断信号波形违规，示波器就触发这个信号。保持时间触发信号如图1-23所示。

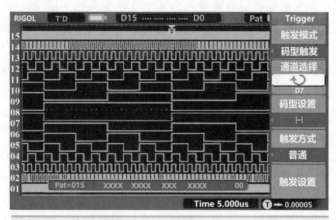

图1-23 保持时间触发信号

③ 建立时间和保持时间触发需要同时定义建立时间违规区域和保持时间违规区域，当数据信号进入任何一个区域时，即可判断数据波形违规，示波器就触发这个信号。

9）视频触发。在示波器中有多种视频触发模式可供选择，可以触发预定义的标准或非标准的视频波形，如图1-24所示。可供选择的视频模式包括525（NTSC）、625（PAL）、480p、576p（EDTV）、720p、1080i等。

5. 示波器的使用方法

下面介绍使用示波器观察电信号波形的方法。

（1）波管和电源系统

1）连接电源。按下示波器电源开关，电源指示灯亮起，表示电源已经接通。

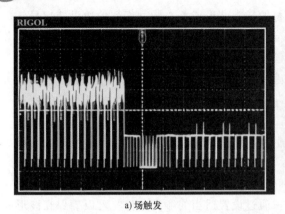
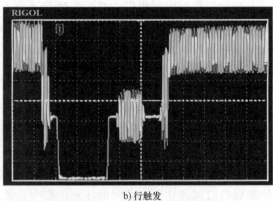

a) 场触发　　　　　　　　　　　　　　b) 行触发

图 1-24　标准视频信号波形

2）调节灰度。旋转灰度旋钮能改变光电和扫描线的亮度。观察低频信号时可将灰度调小些；观察高频信号时可将灰度调大些。

3）聚焦。调整聚焦旋钮可调节电子束截面大小，将扫描线聚焦成最清晰的状态。

4）调整标尺亮度。旋转标尺亮度调节旋钮，使荧光屏后面的照明灯亮起。在正常室内光线下，可将照明灯调暗一些；在室内光线不足的环境中，可适当调亮照明灯。

（2）荧光屏　根据被测信号在荧光屏上占的格数乘以适当的比例常数（V/div，TIME/div）能得出电压值与时长。根据选择的输入通道，将示波器探头插入相应通道插座，确保连接良好。同时，示波器探头上的地线应该连接到被测电路的地线，以提供正确的参考点和信号测量基准。最后，确保示波器探头的信号引线准确接触被测点，以确保准确捕获和显示被测电路中的信号波形。示波器探头上有一双位开关，当双位开关置于"X1"位置时，被测信号将无衰减地送到示波器，从荧光屏上读出的电压值是信号的实际电压值；当双位开关置于"X10"位置时，被测信号会被衰减为原来的1/10，然后送往示波器，因此从荧光屏上读出的电压值需要乘以10才能得到信号的实际电压值。

（3）设置垂直偏转因数和水平偏转因数　每个波段开关上常有一个小旋钮，用于微调每档的垂直偏转因数。将它沿顺时针方向旋到底，处于"校准"位置，此时垂直偏转因数值与波段开关所指示的值一致。沿逆时针旋转此旋钮，能够微调垂直偏转因数。垂直偏转因数经微调后，会与波段开关的指示值不一致，这点应引起注意。示波器的标准信号源 CAL 专门用于校准示波器的时基和垂直偏转因数。示波器面板上的位移（Position）旋钮用于调节信号波形在荧光屏上的位置。

（4）选择输入通道和输入耦合　输入通道至少有三种选择方式：通道 1（CH1）、通道 2（CH2）、双通道（DUAL）。选择通道 CH1 时，示波器仅显示通道 CH1 的信号；选择通道 CH2 时，示波器仅显示通道 CH2 的信号；选择双通道时，示波器同时显示通道 CH1 和通道 CH2 的信号。在维修无人机设备的过程中多选择通道 CH1 或通道 CH2。输入耦合方式有交流（AC）、接地（GND）、直流（DC）三种。

（5）选择触发模式　示波器需要通过"触发"使示波器的扫描与被检测信号同步，从而显示稳定的波形。所谓"触发模式"是指一些为产生触发所选定的方式，以满足不同的检测需要。常见的触发模式有以下几种。

1）常态（NORM）：无信号时，荧光屏上无显示；有信号时，与触发电平配合显示稳定的波形。

2）自动（AUTO）：无信号时，荧光屏上显示光斑；有信号时与触发电平配合显示稳定的波形。

3）电视场（TV）：用于显示电视场信号。

4）峰值自动（P-P AUTO）：无信号时，荧光屏上显示光斑；有信号时，无须调节触发电平即能显示稳定波形。

（6）设置扫描方式 扫描方式有自动（AUTO）、常态（NORM）和单次（SINGLE）三种。下面以测试示波器的校准信号为例。

1）将示波器探头插入通道 CH1 插孔，并将探头上的衰减置于"1"档。

2）选择通道为"CH1"，耦合方式为"DC"。

3）将探头探针插入校准信号源小孔内，此时示波器荧光屏出现亮光。

4）调节垂直衰减旋钮和水平扫描旋钮，使荧光屏显示的波形图稳定，并将垂直微调旋钮和水平微调旋钮置于校准位置。

5）读出波形图在垂直方向所占格数，乘以垂直衰减旋钮的指示数值，得到校准信号的幅值。

6）读出波形每个周期在水平方向所占格数，乘以水平扫描旋钮的指示数值，得到校准信号的周期。

示波器使用注意事项：

❖ 做定量测量时，应先将示波器通电预热 10min 以上，使其中各元器件在热稳定状态下工作，否则由于机内元器件温度处于上升过程，影响测量结果。

❖ 如果发现波形受外界干扰，可将示波器外壳接地。

❖ 在观察荧光屏上的光斑并进行调节时，光斑的亮度要适中，不能过亮。

❖ "Y 输入"的电压不可太高，以免损坏仪器，在最大衰减时也不能超过 400 V。

❖ 关机前先将灰度调节旋钮沿逆时针方向转到底，使亮度减到最小，再断开电源开关。

任务准备

完成无人机维修检测仪器的使用任务，需要分组准备材料和工具。每组准备数字式万用表和示波器。此外还要准备不同型号电阻元件、分电板、单片机等。

任务实施

1. 使用万用表检测电量

（1）检测直流电压 首先将黑表笔插入"COM"插孔，红表笔插入"VΩ"插孔。把转换开关置于比估计值大的量程位置（注意：表盘上的数值均为最大量程，"V—"表示直流电压档，"V~"表示交流电压档，"A"是电流档），接着把两表笔接电源或电池的两端，保持接触稳定。数值可以直接从液晶显示屏上读取，若显示为"1."，则表明量程太小，需要先加大量程再进行检测。如果在数值左边出现"—"，则表明表笔极性与实际电源极性相反，此时红表笔接的是负极。

（2）检测交流电压　万用表选择电压测量模式，并将转换开关置于交流电压档位。将万用表的红表笔插入测量电压的插孔（通常标有"V～"），将黑表笔插入"公共端"插孔。将红表笔连接到待测电路中的电压信号的接触点，黑表笔连接到电路的地线，读取万用表上显示的电压值。

（3）检测直流电流　将黑表笔插入"COM"孔，若检测大于 200mA 的电流，则将红表笔插入"10A"插孔并将转换开关置于"A—"档；若检测小于 200mA 的电流，则将红表笔插入"mA"插孔并将转换开关置于直流 200mA 以内合适量程处。若显示"1."，则需加大量程；若数值左边出现"—"，则表明电流从黑表笔流进万用表。

（4）检测交流电流　检测交流电流的方法与检测直流电流的相同，但应将转换开关置于交流档，电流检测完应将红表笔插回"VΩ"插孔。

（5）检测电阻　将红、黑表笔分别插入"VΩ"和"COM"插孔中，把转换开关置于欧姆档所需量程处，用两表笔接在电阻两端金属部位，检测中可以用手接触电阻，但不能用双手同时接触电阻两端，这样会影响检测精确度，因为人体是电阻很大但是有限大的导体。读数时，要保持表笔和电阻有良好的接触。检测电阻示意如图 1-25 所示。

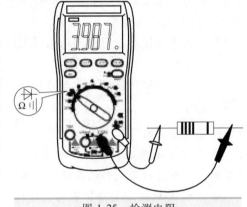

图 1-25　检测电阻

2. 使用万用表检测分电板通断

使用万用表检测分电板通断请参照表 1-7 所列操作步骤进行操作。

3. 使用示波器检测超声波信号

使用示波器检测超声波信号请参照表 1-8 所列操作步骤进行操作。

表 1-7　使用万用表检测分电板通断

操作步骤	操作说明	示意
1	在无人机分电板上焊接好电子调速器和电源线，需要用万用表检测电路连接是否良好	

（续）

操作步骤	操作说明	示意
2	将万用表的转换开关置于欧姆档或蜂鸣通断档。将转换开关置于欧姆档时，检测结果为“1.”，则说明电路完全断开；若检测结果为“0”或接近0，则说明电路接通；将转换开关置于蜂鸣通断档时，万用表蜂鸣器发出响声，表示电路是通路	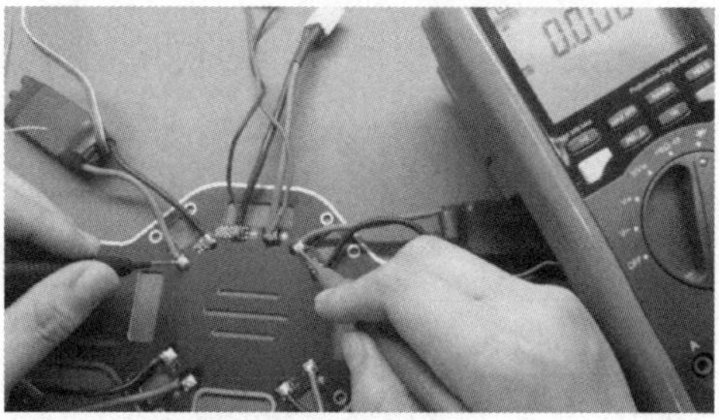

表 1-8　使用示波器检测超声波信号

操作步骤	操作说明	示意
1	用示波器检测触发信号，首先单片机为超声波模块输入至少10μs的TTL信号，然后在模块内部会发出8个40kHz的脉冲，高电平的宽度与检测距离呈正比	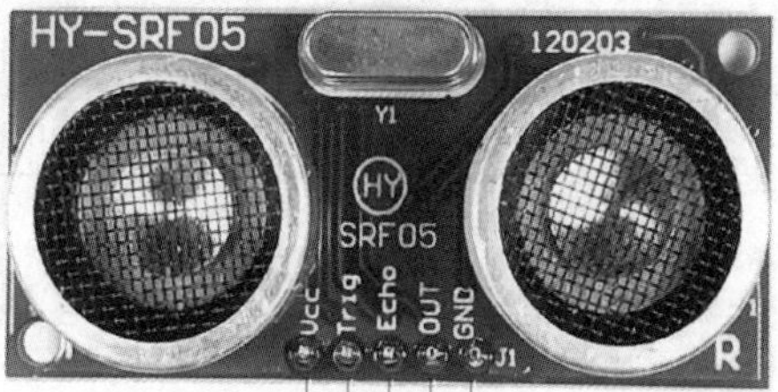 电源端　触发控制，信号输入　回响信号输出　开关量输出端　地线
2	打开示波器，将示波器的负极连接至开发板的负极引脚，连接超声波传感器的第二引脚（一般是输出信号引脚）到示波器的正极，设置距离为0.3m，示波器单次触发，测出高电平的信号	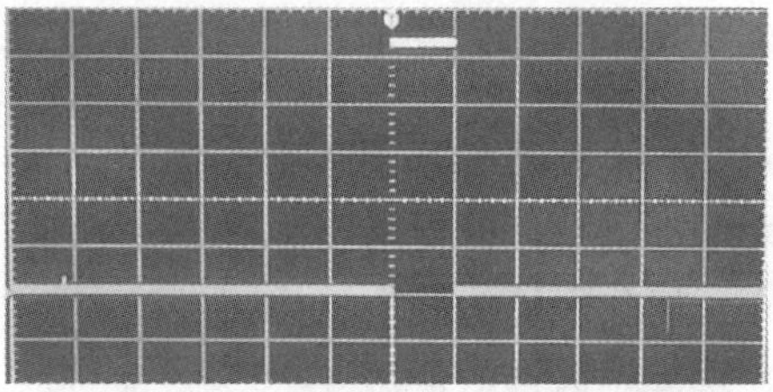
3	将示波器的负极连接至开发板的负极引脚，连接超声波传感器的第三引脚到示波器的正极，设置距离为0.28m，示波器单次触发，测得信号发射并返回的时间差为1500μs	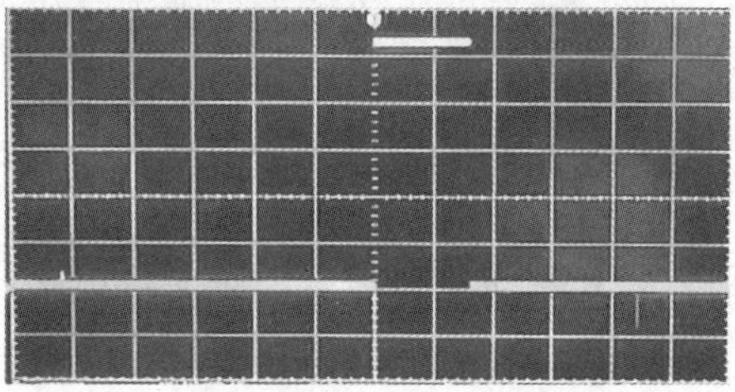

任务评价

对于无人机维修检测仪器的使用任务，请按照表 1-9 所列评价内容与标准进行任务评价。

表 1-9　无人机维修检测仪器的使用任务评价

评价模块	评价内容	得分
知识模块（30%）	复述万用表的类型与工作原理（8分）	
	复述示波器的类型与基本结构（12分）	
	熟知示波器的触发方式与使用步骤（10分）	
能力模块（50%）	正确使用万用表检测电压和电流（10分）	
	正确使用万用表检测分电板的通断（10分）	
	正确使用示波器检测超声波信号（10分）	
	正确操作常用型号的示波器（10分）	
	正确使用万用表检测电阻（10分）	
素养模块（20%）	正确使用检测工具（8分）	
	遵守安全操作规范（7分）	
	按流程要求实施任务（5分）	
总分		

任务 1.4　无人机维修工具的使用

任务目标

1. 知识目标

1）了解电烙铁的类型和工作原理。

2）掌握电烙铁的使用方法。

3）了解热风枪的基本结构、类型和工作原理。

4）掌握热风枪的使用方法。

2. 能力目标

1）能够正确使用电烙铁进行常用元器件和芯片的拆焊和焊接操作。

2）能够正确使用热风枪进行常用元器件的焊接操作。

3）能够使用热风枪进行常用元器件的拆焊操作。

3. 素养目标

1）根据相关要求正确使用实训室设备，培养爱惜、维护公共财产的意识。

2）实训结束后打扫实训室卫生，培养规范意识和清洁干净的卫生习惯。

3）爱护仪器设备，能定期对仪器设备进行维护和检测，培养动手能力。

 **任务分析**

电烙铁和热风枪是维修无人机设备常用的工具。电烙铁主要用于焊接电子元器件，使用时需要注意电烙铁的握法、焊接步骤和焊接要点等。热风枪主要用来完成电子元器件的焊接和拆焊操作，它是利用有发热电阻丝的枪芯吹出的热风，对元器件进行焊接与拆焊。

本任务主要介绍电烙铁和热风枪的类型、工作原理与使用方法，其中需要掌握电烙铁和热风枪的使用方法，并在维修无人机设备时熟练应用电烙铁和热风枪进行相关操作。

知识储备

1.4.1 电烙铁

1. 电烙铁的类型

常见的电烙铁有以下几种分类。

1）按结构的不同，可将电烙铁分为外热式电烙铁和内热式电烙铁，如图1-26所示。

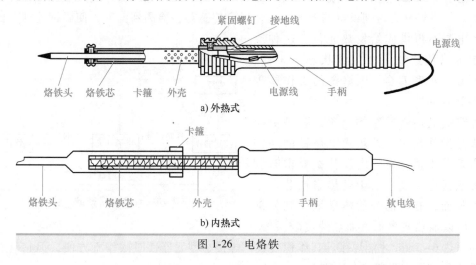

图1-26 电烙铁

2）按吸锡功能的不同，可将电烙铁分为无吸锡电烙铁和吸锡式电烙铁。吸锡式电烙铁是将活塞式吸锡器与电烙铁合为一体的拆焊工具，它具有使用方便、灵活、适用范围广等特点，不足之处是每次只能对一个焊点进行拆焊。

3）根据用途的不同，可将电烙铁分为大功率电烙铁和小功率电烙铁。

4）根据对烙铁头的温度的控制不同，可将电烙铁分为非恒温电烙铁与恒温电烙铁。

5）根据是否有控温台，可将电烙铁分为有控温台和无控温台。

2. 电烙铁的结构

外热式电烙铁由烙铁头、外壳、手柄、电源线等部分组成。由于烙铁头安装在烙铁芯里面，故称为外热式电烙铁。烙铁芯是电烙铁的关键部件，它是由电热丝平行地绕制在一根空心瓷管上构成，中间的云母片起绝缘作用，并引出两根导线与220V交流电源连接。电烙铁功率越大，烙铁头的温度也就越高。

内热式电烙铁由手柄、烙铁芯、烙铁头等组成。由于烙铁芯安装在烙铁头里面，发热快，热利用率高，因此称为内热式电烙铁。20W的内热式电烙铁就相当于40W的外热式电烙铁。内热式电烙铁的后端是空心的，用于套接在连接杆上，并且用弹簧夹固定，当需要更换烙铁头时，必须先将弹簧夹退出，同时用钢丝钳夹住烙铁头的前端慢慢地拔出，切记不能用力过猛，以免损坏连接杆。

烙铁头的长短可以调整（烙铁头长度越短，其温度就越高），有尖锥形、圆斜面等不同的形状，如图1-27所示，以适应不同焊接面的需要。

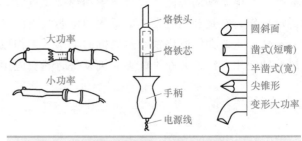

图1-27　烙铁头形状与焊点类型

3. 电烙铁的工作原理

电烙铁通过烙铁头将锡丝融化进行焊接，将电能通过发热管转换成热能。

当烙铁头温度在恒温值以下时，连接在烙铁头的磁性温度传感器会受到永磁铁的吸引而接通。这会导致磁钢连杆上的触点闭合。通过闭合的触点，电源被送至发热元件，开始加热烙铁头。一旦烙铁头达到设定的温度，磁性温度传感器会检测到温度，使磁钢连杆上的触点断开、电源不再供应给发热元件。这种反馈机制可以使烙铁头在恒温状态下工作，确保焊接质量和安全。电烙铁的工作原理如图1-28所示。

外热式电烙铁的结构简单，容易更换烙铁头且操作简单。外热式电烙铁的烙铁头在烙铁芯里面，对温度没什么要求时宜采用外热式电烙铁。由于发热烙铁芯在烙铁头的外面，有大部分的热量散发到外部空间，所以加热效率低，加热速度较缓慢，

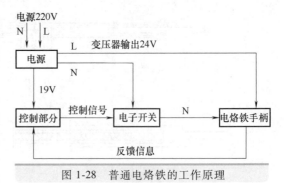

图1-28　普通电烙铁的工作原理

一般要预热6~7min才能焊接。其体积较大，焊接小型元器件时操作不方便，但它具有烙铁头使用寿命较长、功率较大的优点。

内热式电烙铁的烙铁头是空心筒状，发热烙铁芯被烙铁头罩着，其热量不容易散发到外部空间，所以热利用率较高，预热时间较短，功率一般为20~30W。

4. 电烙铁的选用原则

1）烙铁头的形状要适应被焊件物面要求和产品装配密度。

2）烙铁头的顶端温度要与焊料的熔点相适应，一般要比焊料熔点高30~80℃（不包括在烙铁头接触焊接点时下降的温度）。

3）电烙铁的热容量要恰当。烙铁头的温度恢复时间要与被焊件物面的要求相适应。温度恢复时间是指在焊接周期内，烙铁头顶端温度因热量散失而降温后，再恢复到最高温度所需时间。它与电烙铁功率、热容量以及烙铁头的形状、长短等因素有关。

4）焊接集成电路、晶体管及受热易损元器件时，应选用20W内热式电烙铁或25W外热式电烙铁；焊接导线及同轴电缆时，应先用45~75W外热式电烙铁或50W内热式电烙铁；焊接较大的元器件时，如焊输出变压器的引脚、大电解电容的引脚、金属底盘接地焊片等，应选用100W以上的电烙铁。

5. 使用电烙铁进行焊接的步骤

（1）辅助工具

1）空心针管。要选取不同直径的维修专用空心针管若干支，也可用医用针管改装，如图1-29a所示。

2）吸锡绳。一般由铜丝的屏蔽线电缆或较粗的多股导线制成，如图1-29b所示。

a)　　　　　　　　　　　　b)

图1-29　空心针管和吸锡绳

3）吸锡带。吸锡带用来吸取PCB电路板焊盘的焊锡，一般与电烙铁配合使用。使用吸锡带除锡拆焊，操作简单，效果较佳。其拆焊操作方法如下。

① 将铜制吸锡带放在被拆焊的焊点上。

② 用电烙铁对吸锡带和被拆焊点进行加热。

③ 温度达到焊料熔点时，焊点上的焊料逐渐熔化并被吸锡带吸除。

④ 如被拆焊点的焊锡没被完全吸除，可重复操作。每次拆焊时间约为2~3s。

4）镊子。拆焊时宜选用尖头不锈钢镊子，可用来夹住元器件，挑起元器件引脚或线头。

5）吸锡电烙铁。它主要用于拆换元器件，是手工拆焊操作中的重要工具，用以加热被拆焊点，同时吸除熔化的焊料。吸锡电烙铁如图1-30a所示，与普通电烙铁不同，吸锡电烙

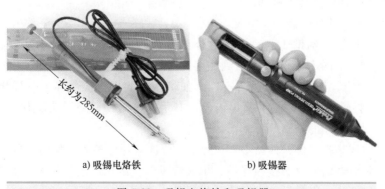

a) 吸锡电烙铁　　　　　　　b) 吸锡器

图1-30　吸锡电烙铁和吸锡器

铁的烙铁头是空心的，而且多了一个吸锡装置。对焊锡较多的焊点，可采用吸锡烙铁除锡拆焊。拆焊时，吸锡电烙铁同时进行加热和吸锡。

6）吸锡器。它是一种修理电器用的工具，用于收集拆卸焊盘电子元器件时熔化的焊锡，有手动和电动两种类型。常见吸锡器的外形如图 1-30b 所示。

吸锡电烙铁的使用方法如下。

① 吸锡前，应根据元器件引线的粗细选用锡嘴。

② 将吸锡电烙铁通电加热，待其达到合适的工作温度，将活塞柄推下卡住，准备吸取焊料。

③ 锡嘴垂直对准焊点，待焊点焊料熔化后，按下吸锡电烙铁的控制按钮或扳动手柄，将焊料吸进吸锡电烙铁的储锡盒中。

④ 反复几次，直至元器件从焊点中脱离。

在操作过程中要注意烙铁头与元器件之间的角度和接触情况，确保焊接质量。避免因过度施力而损坏元器件或焊点。

（2）电烙铁的握法　电烙铁的握法分为正握法、反握法和握笔法三种，如图 1-31 所示。

　　　a) 正握法　　　　　　　　b) 反握法　　　　　　　　c) 握笔法

图 1-31　电烙铁的握法

1）正握法：单手握住电烙铁的手柄，手指环绕电烙铁手柄，手掌贴近电烙铁手柄的底部，大拇指和其余手指均应自然地放置在手柄周围，不要过度用力。此法适用于较大的电烙铁，弯形烙铁头的一般也用此法。

2）反握法：将电烙铁手柄置于手掌中部，手指放在电烙铁手柄的上方，使用大拇指和食指夹住电烙铁手柄，其余手指自然地放置在手柄周围，以提供额外的支撑和平衡。此法适用于大功率电烙铁，焊接散热量大的被焊件。

3）握笔法：用握笔的方法握电烙铁，此法适用于小功率电烙铁，焊接散热量小的被焊件，如焊接 PCB 电路板及其维修等。

（3）使用电烙铁进行焊接

1）准备好电烙铁及辅助工具，根据具体工作内容选择合适的烙铁头。在使用前先预热，然后接上电源，当烙铁头温度上升到能熔锡时，将烙铁头在松香上沾涂一下，等松香冒烟后再沾涂一层焊锡，如此反复进行二三次，使烙铁头的刃面全部挂上一层锡便可使用了，如图 1-32 所示。将焊件摆正，左手握焊锡丝，右手握电烙铁，烙铁头要保持清洁，并使其处于随时施焊状态，如图 1-33a 所示。

2）用电烙铁加热备焊件，如图 1-33b 所示。应注意焊件整体的均匀受热。

3）焊锡丝和电烙铁从对面接触焊件，填充焊锡丝，熔化适量焊锡丝，如图 1-33c 所示。

4）当焊锡丝熔化一定量后，立即移开焊锡丝，如图 1-33d 所示。

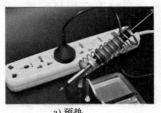
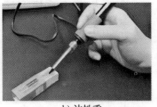

| a) 预热 | b) 沾松香 | c) 上锡 |

图 1-32　使用电烙铁进行焊接的步骤

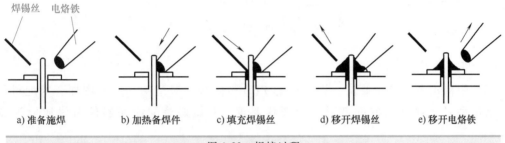

| a) 准备施焊 | b) 加热备焊件 | c) 填充焊锡丝 | d) 移开焊锡丝 | e) 移开电烙铁 |

图 1-33　焊接过程

5）焊锡丝浸润焊盘或焊接点，并且在松香未完全挥发时，迅速移开电烙铁，电烙铁移开的方向以 45°最为适宜，如图 1-33e 所示。

以上操作又称五步焊接法。

焊锡丝一般有两种拿法，如图 1-34 所示。由于焊锡丝成分中有一定比例的铅金属，因此操作时应戴手套或操作后洗手。

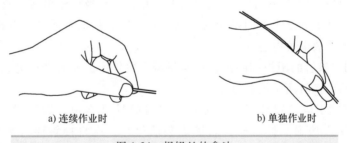

| a) 连续作业时 | b) 单独作业时 |

图 1-34　焊锡丝的拿法

（4）焊点的质量要求

1）焊点要有足够的力学性能，保证被焊件在受振动或冲击时不致脱落、松动。

2）不能用过多焊料堆积焊点，容易造成虚焊（虚焊是指焊料与被焊件表面没有形成合金结构，焊料只是简单地依附在被焊金属表面上）和焊点间的短路。

3）焊接可靠，具有良好导电性能，防止虚焊。

4）电烙铁加热温度合适，宜在 320℃以内。

5）控制焊接时间在 3s 以内。

6）焊点表面要光滑、清洁、有良好光泽，不应有毛刺、空隙，尤其不能有助焊剂等有害物质残留，要选择合适的焊料与助焊剂。

焊点的形状如图 1-35 所示。一般焊点形状不正确的元器件多数没有焊接牢固，有虚焊点，应重焊。

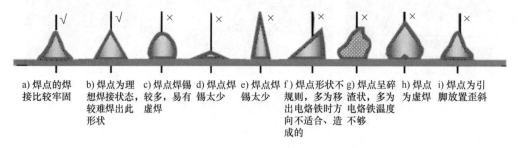

| a) 焊点的焊接比较牢固 | b) 焊点为理想焊接状态，较难焊出此形状 | c) 焊点焊锡较多，易有虚焊 | d) 焊点焊锡太少 | e) 焊点焊锡太少 | f) 焊点形状不规则，多为移出电烙铁时方向不适合、造成的 | g) 焊点呈碎渣状，多为电烙铁温度不够 | h) 焊点为虚焊 | i) 焊点为引脚放置歪斜 |

图 1-35　焊点形状

6. 焊接时对元器件的要求

（1）焊前准备　首先要认真识读所焊 PCB 电路板的装配图，并按图样要求配料，检查元器件型号、规格及数量是否符合图样要求，并做好装配前元器件引线成形等准备工作。

（2）焊接顺序　焊接顺序依次为：电阻元件、电容元件、二极管、晶体管、集成电路、大功率管，其他元器件按先小后大的顺序。

（3）对元器件的要求

1）将电阻元件准确装入规定位置。要求标识向上，字体朝向一致。装完同一种规格后再装另一种规格，尽量使电阻元件的高低一致。焊完后将露在 PCB 电路板表面多余引脚齐根剪去。

2）将电容元件按装配图要求装入规定位置，并注意有极性的电容元件，其阳极与阴极不能接错，电容元件上的标识方向要清晰可见。先装玻璃釉电容元件、有机介质电容元件、瓷介电容元件，最后装电解电容元件。

3）注意识别二极管的阳极和阴极，不能装错。型号标识要清晰可见。焊接立式二极管时，对最短引脚的焊接时间不能超过 2s。

4）注意晶体管引脚位置插接要正确；焊接时间尽可能短，焊接时用镊子夹住引脚，以利于散热。焊接大功率晶体管时，若需加装散热片，应将接触面打磨平整且光滑后再紧固；若要求加垫绝缘薄膜时，切勿忘记。当引脚与电路板连接时，应使用塑料导线连接。

5）检查集成电路的型号、引脚位置是否符合要求。焊接时先焊边缘的两个引脚，以使其定位，再从左到右、自上而下逐个焊接。对电容、二极管、晶体管等露在电路板上多余引脚均需齐根剪去。

7. 使用电烙铁进行拆焊

拆焊又称解焊，在维修或焊错的情况下，常常需要将已焊接的连线或元器件拆卸下来，该过程就是拆焊。它是焊接技术的一个重要组成部分。在实际操作中，拆焊要比焊接更难，需要使用合适的方法和工具。如果拆焊不当，很容易损坏元器件，或使铜箔脱落而破坏 PCB 电路板。因此，拆焊技术是应熟练掌握的一项基本操作技能，各类焊点的拆焊方法和注意事项见表1-10。

表1-10　各类焊点的拆焊方法和注意事项

焊点类型		拆焊方法	注意事项
引脚焊点拆焊		首先用电烙铁加热除去焊锡,然后用镊子撬起引脚并抽出。如引脚用缠绕的焊接方法,则要将引脚用工具拉直后再抽出	撬、拉引脚时不要用力过猛,也不要用烙铁头乱撬,须弄清引脚方向再操作
引脚不多的元器件的焊点拆焊		采用分点拆焊法,用电烙铁直接进行拆焊。一边用电烙铁对焊点进行加热直至焊锡熔化,一边用镊子夹住元器件的引脚,轻轻地将其拉出来	这种方法不宜在同一焊点上多次使用,因为PCB电路板上的铜箔经过多次加热后很容易与绝缘板脱离而造成电路板的损坏
有塑料骨架的元器件的拆焊		由于元器件的骨架不耐高温,因此可以采用间接加热拆焊法。拆焊时,先用电烙铁加热除去焊点焊锡,露出引脚的轮廓,再用镊子或捅针挑开焊盘与引脚间的残留焊锡,最后用电烙铁对已挑开的焊点进行加热,待焊锡熔化时,迅速拆下元器件	不可长时间对焊点进行加热,以防止塑料骨架变形
焊点密集的元器件的拆焊	采用空心针管	使用电烙铁除去焊接点焊锡,露出引脚的轮廓。选用直径合适的空心针管,将针管对准焊盘上的引脚。待电烙铁将焊锡熔化后迅速将针管插入电路板的焊孔并左右旋转,这样元器件的引脚便和焊盘分开了 优点:引脚和焊点分离彻底,拆焊速度快。很适合体积较大的元器件和引脚密集的元器件的拆焊 缺点:不适合如双联电容等引脚呈扁片状的元器件的拆焊;不适合如导线等引脚不规则的元器件的拆焊	选用合适直径的针管。若直径小于引脚,则无法插入;若直径较大,在旋转时很容易使焊点的铜箔和电路板分离而损坏电路板 在拆焊集成电路等引脚密集的元器件时,应首先使用电烙铁除去焊点焊锡,露出引脚的轮廓。以免连续拆焊过程中残留焊锡过多而对其他引脚拆焊造成影响 拆焊后若有焊锡将引脚插孔封住,可用铜针将其捅开
	采用吸锡式电烙铁	具有焊接和吸锡双重功能。使用时将烙铁头靠近焊点,待焊点焊锡熔化后按下控制按钮即可把熔化的焊锡吸入储锡盒内	—
	采用吸锡器	吸锡器本身不具备加热功能,它需要与电烙铁配合使用。拆焊时先用电烙铁对焊点进行加热,待焊锡熔化后移开电烙铁,再用吸锡器将焊点上的焊锡吸除	移开电烙铁后,吸锡器要迅速地移至焊点吸锡,避免焊点再次凝固而导致吸锡困难
	采用吸锡绳	使用电烙铁除去焊点焊锡,露出导线的轮廓。将在松香中浸过的吸锡绳贴在待拆焊点上,用电烙铁加热吸锡绳,通过吸锡绳将热量传递给焊点熔化焊锡,待焊点上的焊锡熔化并吸附在锡绳上,提起吸锡绳。如此重复几次即可把焊锡吸完。此方法在高密度拆焊点拆焊操作中具有明显优势	可以自制吸锡绳,即将多股胶质电线去皮后拧成绳状(不宜拧得太紧),再加热吸附松香助焊剂即可

小提示

- 使用前应检查电烙铁的实际电压是否与电烙铁标称电压相符。
- 电烙铁应该具有接地线。
- 电烙铁通电后不能任意敲击、拆卸及安装其电热部分零件。
- 电烙铁应保持干燥，不宜在过分潮湿或淋雨环境使用。
- 拆烙铁头时，要切断电源。
- 切断电源后，最好利用余热在烙铁头上涂一层锡，以保护烙铁头。
- 当烙铁头上有黑色氧化层时候，可用砂布擦去，然后通电并立即上锡。

1.4.2 热风枪

1. 热风枪的类型

热风枪是利用由发热电阻丝制成的枪芯吹出的热风，对元器件进行焊接与拆卸的工具。

1）根据送风原理的不同，可将热风枪分为泵型热风枪和扇型热风枪。

2）根据用途和功能的不同，可将热风枪分为普通型热风枪、专业型热风枪、数字温度显示型热风枪、高温型热风枪四种。

① 普通型热风枪。此种热风枪主要缺点是温度不稳定，风量也不稳定。这种风枪的刻度只用于调整其功率的大小，刚开机时升温很慢，而后迅速升温，不留心观察极容易烧毁元件。它虽然也有温度检测功能，但只用于温度过高保护，而不能调整温度值。

② 专业型热风枪。此种热风枪的刻度是用来调节温度的，刚开机时升温快，几十秒即可达到设定温度，但温度不会直线上升，可在相差不大的范围内调整温度，风量也比较稳定。

③ 数字温度显示型热风枪。此种与专业型热风枪性能基本相同，但具有数字温度显示功能。对数字温度显示型热风枪风嘴各处的实际使用温度进行测量，在出风口（小头风嘴）处温度为 $350 \sim 400℃$，$1cm$ 处约 $300 \sim 350℃$，$2cm$ 处 $260 \sim 300℃$。部分型号带有功率或其他电压、电流指示表盘。

④ 高温型热风枪。这种风枪的出风口温度可达 $800℃$，甚至达到 $900℃$，且需固定在设备上并连接压缩空气或高压风源才能使用。高温型热风枪内有温度传感器，用于控温，其内部还有防干烧装置，防止因缺风导致发热丝过热。

普通型热风枪由手柄、助力手柄、变速器开关、热控开关、进风口、出风口组成。泵型热风枪由风量调节按钮、温度调节按钮、开关等组成。目前，市面上有很多种热风枪产品，其中性能最好的是最新的智能热风枪。智能热风枪具有恒温、恒风、风压温度可调，智能待机、关机、升温，电源电压的适合范围宽等特点。

2. 热风枪的工作原理

大部分热风枪的工作原理是利用微型鼓风机作为风源，用电发热丝加热空气流，并且使空气流的温度达到 $200 \sim 480℃$ 即可以熔化焊锡的温度，然后以风嘴作为导向加热待焊接或拆焊的元器件。热风枪的工作原理如图 1-36 所示。

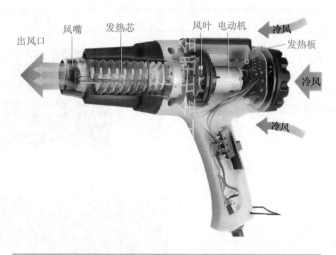

图 1-36　热风枪的工作原理

热风枪通常用于焊接和拆焊表面贴装技术（SMT）组件，如 SMD 电阻、电容和小型 TTL 集成电路。在焊接 SMT 元件时，热风枪可以提供足够的热量，使焊料熔化并确保元件粘附在 PCB 电路板上。而在拆焊过程中，热风枪也可以提供足够的热量来熔化焊料，从而轻松拆下 SMT 组件。对于一些更小型的 SMD 电阻和电容，使用电烙铁进行拆焊更方便，因为可以更精确地控制加热的位置和时间。

小提示

封装技术其实是一种将集成电路打包或包装的技术。封装是指把硅片上的电路引脚，用导线接引到外部接头处，以便与其他元器件连接。封装指安装半导体集成电路芯片用的外壳。它不仅起着安装、固定、密封、保护芯片和增强导热性能的作用，而且还是连接芯片内部和外部电路的媒介——芯片上的接点用到线连接到封装外壳的引脚上，这些引脚又通过 PCB 电路板上的导线与其他元器件建立连接。

任务准备

为完成无人机维修工具的使用任务，需要分组准备材料和工具。

每组准备一套电烙铁、热风枪。此外，还需要准备不同型号镊子、剪刀、斜口钳、尖嘴钳、焊锡、助焊剂、IC 类芯片、多引脚插件等。

任务实施

使用电烙铁焊接 IC 类芯片

1. 使用电烙铁焊接 IC 类芯片

对于使用电烙铁焊接 IC 类芯片任务，请参照表 1-11 所列操作步骤进行操作。

表 1-11　使用电烙铁焊接 IC 类芯片

操作步骤	操作说明	示意
1	IC 类芯片多 PIN 引脚且 PIN 引脚间距较小，焊接时一定要格外注意 在 IC-PIN 引脚连锡处涂抹少量助焊剂	
2	清洁烙铁头。使用清洁棉擦拭烙铁头上的余锡。需要注意的是烙铁头上不能附锡，维修时会粘附到 IC-PIN 上形成短路	
3	针对 IC 连锡 PIN 引脚采用点焊的方式维修，将烙铁头切面平压在电路板上涂助焊剂的位置，给 IC-PIN 引脚加热，然后沿平行 PIN 引脚的方向向外侧移动烙铁头，吸走可能形成短路的余锡 焊接 IC 类芯片时，先加锡固定，再按照不同方向匀速拖锡	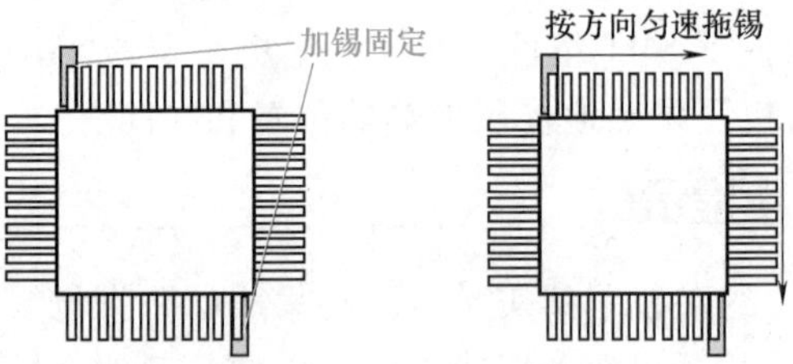

2. 使用电烙铁焊接贴片元件

对于电烙铁焊接贴片元件任务，请参照表 1-12 所列操作步骤进行操作。

表 1-12　使用电烙铁焊接贴片元件

操作步骤	操作说明	示意
1	准备电烙铁、焊锡、松香/助焊剂、热风枪、镊子。根据各种电子元件的耐温属性调节好烙铁温度。使用电烙铁对维修部位进行预热，时间为 1~2s，目的是减少焊锡的飞溅	

（续）

操作步骤	操作说明	示意
2	先固定元件 PIN 引脚一端，对另一端进行加锡后，再对固定端进行补锡	
3	对贴片式发光二极管进行固定和加锡时，烙铁头应与发光二极管贴装角度成直线，避免烫伤发光二极管	
4	焊接完成后，检查焊点的质量，每个焊点应明亮且光滑，没有对周边元件造成第二次不良影响。再自检，使用万用表测量	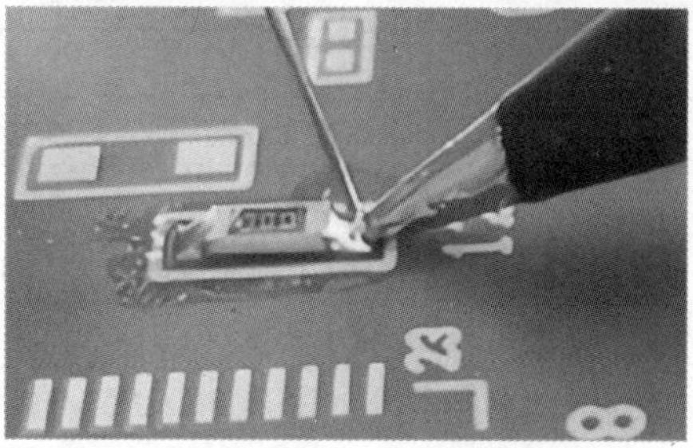

3. 使用热风枪拆焊多引脚插件

对于热风枪拆焊多引脚插件任务，请参照表 1-13 所列操作步骤进行操作。

使用热风枪拆焊多引脚插件

表 1-13　使用热风枪拆焊多引脚插件

操作步骤	操作说明	示意
1	使用热风枪加热元器件时，调节温度要适当。单面板为 300~330℃，双面板/直插元件为 350~380℃，高温区为 360~390℃	

（续）

操作步骤	操作说明	示意
2	用热风枪的风嘴对着要拆焊的元件均匀往复移动加热，控制好加热时间，单面板为3~6s、双面板为5~10s，使焊锡完全熔化	
3	在拆焊多PIN引脚IC时，加热时间会长一点，但要仔细观察被拆焊元器件和铜箔变化，发现有变色和烧焦/起泡时应停止作业。用镊子将元器件取出，并移走热风枪	

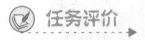

任务评价

对于无人机维修工具的使用任务，请按照表1-14所列评价内容与标准进行任务评价。

表1-14 无人机维修工具的使用任务评价

评价模块	评价内容	得分
知识模块 （30%）	复述电烙铁和热风枪的类型与工作原理（8分）	
	复述使用电烙铁进行焊接的方法（12分）	
	熟知使用电烙铁进行焊接的要领（10分）	
能力模块 （50%）	正确使用电烙铁焊接IC类芯片与贴片元件（20分）	
	正确使用热风枪拆焊多引脚插件（10分）	
	正确使用电烙铁进行焊接（10分）	
	正确采用五步焊接法焊接元器件（10分）	
素养模块 （20%）	遵守安全操作规范（8分）	
	了解使用电烙铁进行焊接和拆焊的操作要领（7分）	
	按流程要求实施任务（5分）	
总分		

项目2

无人机元件的检测与更换

项目描述

无人机设备中有大量的电子元器件，起到协同控制的作用。无人机硬件故障中，元器件类故障占很大的比例。元器件故障包括传感器元器件故障、电压模块元器件故障、通信模块元器件故障、飞控元器件故障、电子调速器元器件故障等。这类故障需要借助专门的仪器设备才能检测出故障点。

无人机设备常用的电子元器件有电阻、电容、电感、晶振、二极管、三极管、场效应管等。无人机电路中一般含有电阻元件、电容元件、电感元件，均都属于二端元件，它们通过两个端钮与其他元件相连接。本项目以无人机常用元器件为载体，学习其检测与更换方法。

任务 2.1 电容元件的检测与更换

任务目标

1. 知识目标

1）了解无人机常用电容元件的工作原理与分类。

2）掌握无人机常用贴片电容的型号与作用。

3）了解无人机常用电容元件的标识方法。

4）掌握无人机常用贴片电容的检测方法。

2. 能力目标

1）能从无人机飞控、接收机、电子调速器的电路图中识别无人机电容元件的图形符号。

2）能够根据型号和标识符号等识别无人机电容元件的主要参数。

3）能够根据元器件的外观、颜色及其主要作用，结合故障现象初步排查或锁定故障元器件。

4）能够使用合适的检测工具，采用正确的方法，熟练检测无人机电容。

5）能正确选取维修工具，安全高效地更换故障元器件。

3. 素养目标

1）在焊接电容过程中，培养规范的操作习惯和安全意识。

2）通过检验维修后的电容元器件质量和性能，培养学生精益求精的工匠精神。

任务分析

无人机设备常用的电容元件包括贴片电容、高压贴片电容、电解电容等。在无人机设备通电的瞬间，电容可以吸收由电感产生的瞬间高电压，从而保护其他元件免受损害。电容也能消除电动机等设备在无人机飞行过程中产生的涡流电压。在飞控和电子调速器中都有电容元件。

本任务主要介绍电容元件的工作原理、分类、标识方法，以及常用贴片电容的应用；要求掌握电容的检测方法与步骤、电容的焊接与拆焊方法。

2.1.1 电容元件工作原理

电容又称电容量，是指导体容纳电荷的能力，用符号 C 表示，单位是法拉（F）。电荷在电场中因受力而移动，当导体之间有介质时，介质阻碍了电荷移动使电荷累积在导体上，造成电荷的累积储存，储存的电荷量则称为电容。任何静电场都是由许多个电容组成，有静电场就有电容。

电容是电子、电力领域中不可缺少的电子元件。电容由两个很薄的极板组成，由于两个极板不连通，中间有绝缘介质，因此电容可以隔断直流电。由于电容把电荷收集在其中一个极板上，如果两极板中间隔着很薄的介质，则容易在另外一边感应出相反电性的电荷，于是在另外一个极板会有感应电流出现，因此电容可以隔断直流电，但是并不隔断交流电。电容的工作原理如图 2-1 所示。

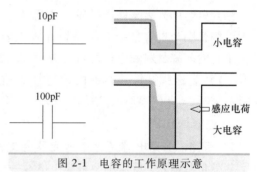

图 2-1　电容的工作原理示意

电容主要用于电源滤波、信号滤波、信号耦合、谐振、滤波、补偿、充放电、储能、隔直流等电路中，其作用是恒定电流、稳压滤波、存电荷、通交流、阻直流、存电量。

2.1.2 电容的分类

根据不同的分类原则，可将电容分为以下几种。

1）按结构的不同，可分为固定电容（电容容量固定）和可变电容（电容容量可调节）。

2）按介质的不同，可分为空气介质电容、固体介质电容及电解电容。电解电容一般作为大容量电容使用。

3）按极性的有无，可分为无极性电容和有极性电容。如电解电容，一般在圆柱侧面用"-"表示电解电容的负极，当然电解电容也有无极性的，如用于音频分频电路、电动机起动电路的铝电解电容。电解电容可存电荷、通交流、阻直流、存电量，其容值大，使用时间长。

4）按介质的不同，可分为铝电解电容、钽铌电解电容、陶瓷电容、涤纶电容、纸介质电容等。

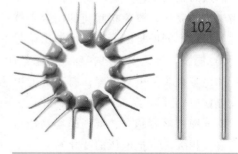

图 2-2　独石电容

5）按形状的不同，可分为圆柱、平行板、球形、贴片、独石电容。独石电容（图 2-2）

可提供恒定的电源，稳压滤波。

2.1.3 常用贴片电容

贴片电容主要由陶瓷材料制成，其全称为多层片式陶瓷电容器，也称贴片电容、片容，主要作用是存储电能，并通过其内部的电场实现电荷的转移。在小微型民用无人机飞控板上，最常用的是贴片电容。

1. 贴片电容尺寸

贴片电容有两种尺寸表示方法，一种是以英寸（in，1in = 25.4mm）为单位来表示，一种是以毫米（mm）为单位来表示。贴片电容的系列型号以英寸为单位表示时有 0402、0603、0805、1206、1210、1808、1812、2010、2225、2512，如 0402，其中 04 表示长度为 0.04in，02 表示宽度为 0.02in。

2. 贴片电容的内部结构

贴片电容的外表是陶瓷材质，除此以外，还有玻璃电容、油纸电容、电解电容等。通常所说的陶瓷贴片电容是指多层陶瓷片式电容（multilayer ceramic capacitors，MLCC）。MLCC 是由平行的陶瓷材料和电极材料层叠而成。常规贴片电容按材料的不同可分为 C0G（NP0）、X7R、Y5V，这些材料具有不同的特性和适用范围。常见的引脚封装规格有 0201、0402、0603、0805、1206、1210、1812、1825、2225 等不同尺寸，以满足不同电路设计的需求。

3. 电容的作用

1）旁路。旁路电容是为本地元器件提供能量的储能器件，它能使稳压器的输出均匀化，降低负载需求。就像小型可充电电池一样，旁路电容能够被充电，并向元器件放电。为尽量减少阻抗，旁路电容要尽量靠近负载元器件的供电电源引脚和地引脚，能够很好地防止输入值过大而导致的地电位抬高和噪声。

旁路是把输入信号中的干扰作为滤除对象。

2）去耦。又称解耦。从电路来说，总是可以区分为驱动的源和被驱动的负载。如果负载电容比较大，驱动电路要给电容充电、放电，才能完成信号的跳变，在上升沿比较陡峭的时候，电流比较大，这样驱动的电流就会吸收很大的电源电流，由于电路中存在电感、电阻（特别是芯片引脚上的电感，会产生反弹），这种电流相对于正常情况来说是一种噪声，会影响前级的正常工作，这就是所谓的"耦合"。去耦电容能起到"电池"的作用，满足驱动电路电流的变化，避免相互间的耦合干扰。

与旁路不同的是，去耦是把输出信号的干扰作为滤除对象，防止干扰信号返回电源。

3）滤波。理论上，电容越大、阻抗越小，更容易通过高频信号。但实际上电容值超过 $1\mu F$ 的电容大多为电解电容，有很大的电感成分，因此频率高会增大阻抗。有时会看到有一个大电解电容并联了一个小电容，并且大电容通低频，小电容通高频。电容的作用就是通高频、阻低频。电容越大，低频越容易通过。由于电容两端的电压不会突变，所以信号频率越高则衰减越大。它把电压的变化转化为电流的变化，频率越高，峰值电流就越大，从而缓冲了电压。滤波就是充电、放电的过程。

4）储能。储能型电容器通过整流器收集电荷，并将存储的能量通过变换器引线传送至电源的输出端。额定电压为 DC 40~450V、电容为 220~150000μF 的铝电解电容是较为常用的。根据不同的电源要求，元器件有时会采用串联、并联及混联的形式，对于功率级超过10kW 的电源，通常采用体积较大的罐形螺旋端子电容。

2.1.4 电容的标识方法

贴片电容的大小并没有直接标在电容的表面，而是标在了包装的上面。贴片电容的大小有纯数字标识法和字母数字混合标识法，见表 2-1。

表 2-1 贴片电容的标识字母与有效数字的对应关系

字母	代表的有效数字	字母	代表的有效数字
A	1.0	T	5.1
B	1.1	U	5.6
C	1.2	V	6.2
D	1.3	W	6.8
E	1.5	X	7.5
F	1.6	Y	8.2
G	1.8	Z	9.1
H	2.0	a	2.5
J	2.2	b	3.5
K	2.4	d	4.0
L	2.7	e	4.5
M	3.0	f	5.0
N	3.3	m	6.0
P	3.6	n	7.0
Q	3.9	t	8.0
R	4.3	y	9.0
S	4.7		

采用纯数字标识法的贴片电容大小的确定方法和贴片电阻一样，只是单位不同。例如 104，$104 = 10 \times 10^4 pF = 100000 pF = 100 nF = 0.1 \mu F$。电容的三个常用单位皮法（pF）、纳法（nF）、微法（μF）。三者的换算关系为 $1 \mu F = 1000 nF = 1000000 pF$，即两两之间是 1000 的倍数关系。在读取电容的大小时，要牢记三个单位之间的换算关系，因为不同的厂家可能会使用不同的单位表示。电容的基本单位是法拉（F），其他单位还有毫法（mF）、微法（μF）、纳法（nF）、皮法（pF）。其中，$1 F = 10^3 mF = 10^6 \mu F = 10^9 nF = 10^{12} pF$。容量大的电容，其值直接标注在电容上，如 $10 \mu F/16V$，容量小的电容，其值用字母或数字标注在电容上。

（1）数字表示法 一般用三位数字表示容量大小，前两位是有效数字，第三位数字表示乘零倍率。如 102 表示 10×10^2 pF = 1000pF，224 表示 22×10^4 pF = 0.22μF。

（2）字母表示法　1m = 1000μF，1P2 = 1.2pF，1n = 1000pF。采用字母标识的贴片电容容量读取方法如下。

1）片状陶瓷电容的标识。片状陶瓷电容容量的标识码经常由一个或两个字母及一位数字组成。当标识码是两个字母时，第一个字母标识生产厂商代码。例如第一个字母是 K，表示此片状陶瓷电容是由基美（KEMET）公司生产。三位标识码的第二个字母或两位标识码的第一个字母是电容容量中的有效数字。标识码最后的数字是乘零倍率，最后计算结果得到的电容量单位为 pF。例如，当贴片电容上的标识为 S3 时，查表可知 S 对应的有效数字为4.7。标识码中的 3 表示倍率为 10^3。因此，S3 表示电容量为 4.7×10^3 pF 或 4.7nF，而制造厂商不明。又如，某贴片电容上的标识为 KA2，K 表示此电容由 KEMET 公司生产，A2 表示电容量为 1.0×10^2 pF，即 100pF。

有些片状陶瓷电容的电容量采用三位数标识，单位为 pF。前两位为有效数字，第三位数字为乘零倍率。若有小数点，则用 P 表示，例如 1P5 表示 1.5pF，100 表示 10pF 等。允许误差用字母表示，C 为 ±0.25pF，D 为 ±0.5pF，F 为 ±1%，J 为 ±5%，K 为 ±10%，M 为±20%，I 为 −20% ~ 80%。

2）片状电解电容的标识。片状电解电容的标识码中需要标注出的参数主要有容量和耐压值，比如 10V6 代表电解电容的电容量为 10μF，耐压值为 6V。有时在片状电解电容中不使用这种直接标注的方法，而使用"标识码法"见表 2-2。通常片状电解电容使用的标识码由一个字母和三位数字组成，字母指示出电解电容的耐压值，而三位数字用来注明电解电容的电容量。电容量以 pF 为单位，第一、二位数字是电容量的有效数字，第三位数字是乘零倍率。片状电解电容上面的指示条标明此端为电解电容的正极。

表 2-2　片状电解电容标识码与耐压值的关系

片状电解电容标识码中的字母	代表的耐压值/V	片状电解电容标识码中的字母	代表的耐压值/V
E	2.5	D	20
G	4	E	25
J	6.3	V	35
A	10	H	50
C	16		

例如，某一电解电容的标识码为 A475，其中，A 表示耐压值为 10V，47 表示电容量的有效数字为 47，5 代表 10^5，则此片状电解电容的容量为 47×10^5 pF = 4.7×10^6 pF = 4.7μF。

不同类型的电容在电路图中用图 2-3 所示符号表示。

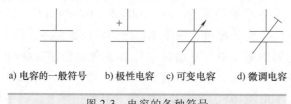

a) 电容的一般符号　　b) 极性电容　　c) 可变电容　　d) 微调电容

图 2-3　电容的各种符号

为完成无人机电容元件的检测任务，需要分组准备材料和工具。

每组准备一些贴片电容。此外，还需要准备万用表、电烙铁、不同型号镊子、剪刀、斜口钳、尖嘴钳、海绵、焊锡、助焊剂以及 MWC 飞控板的电路图等。

（书眉图标）任务实施

1. 识别飞控电路图中的电容元件

一般无人机飞控板上都会有电容元件，图 2-4 所示为 MWC 飞控电路图，请在其中查找电容元件，并在图中对应位置画圈。

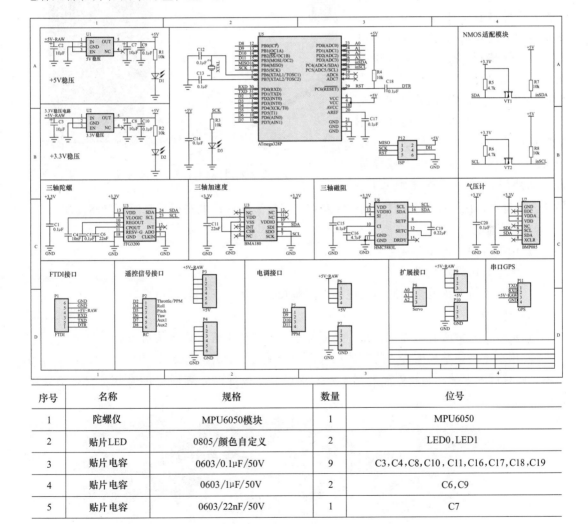

序号	名称	规格	数量	位号
1	陀螺仪	MPU6050模块	1	MPU6050
2	贴片LED	0805/颜色自定义	2	LED0,LED1
3	贴片电容	0603/0.1μF/50V	9	C3,C4,C8,C10,C11,C16,C17,C18,C19
4	贴片电容	0603/1μF/50V	2	C6,C9
5	贴片电容	0603/22nF/50V	1	C7

图 2-4　MWC 飞控电路图

2. 检测电容元件

检测电容元件

数字式万用表具有检测电容元件的功能，其量程分为 2000p、20n、200n、2μ 和 20μ 五档。检测时可将已放电的电容元件两引脚直接插入万用表的"COM"插孔和"VΩ"插孔，选取适当的量程后就可读取显示的数据，如图 2-5 所示。2000p 档，宜于检测电容量小于 2000pF 的电容；20n 档，宜于检测电容量为 2000pF~20nF 的电容；200n 档，宜于检测电容量为 20~200nF 的电容；2μ 档，宜于检测电容量为 200nF~2μF 的电容；20μ 档，宜于检测电容量为 2~20μF 的电容。

3. 焊接与更换电容元件

贴片式元器件的拆卸、焊接宜选用 200~280℃ 调温式尖头电烙铁。贴片电容的基片大多采用陶瓷材料制作，这种材料受碰撞易破裂，因此在拆卸、焊接时应掌握控温、预热、轻触等技巧。控温是指焊接温度应控制在 200~250℃ 左右。预热是将待焊接的元件先放在 100℃ 左右的环境里预热 1~2min，防止元件突然受热膨胀损坏。轻触是指操作时用烙铁头对电路板的焊点或导带进行加热时，尽量不要碰到元件。

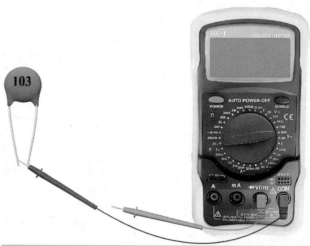

图 2-5 检测电容元件连线示意

另外，尽量将每次焊接的时间控制在 3s 左右，焊接完毕后让电路板在常温下自然冷却。

（1）拆焊电容

1）给电容两焊脚加焊膏。

2）给电容两焊脚加满锡。

3）一只手持刀头电烙铁同时给电容两焊脚加热，另一只手轻拨电容。

（2）焊接电容

1）用电烙铁给所有的焊盘上锡，注意焊盘上不要先上焊，以方便对位。

2）用镊子夹住贴片电容，将其放在焊盘对应的位置，用电烙铁先焊好一端，再补焊另一端，此时可加少量焊锡使焊点光滑平整，焊接顺序最好是先焊周边再焊 IC。这样就将电容焊接好了，如图 2-6 所示。

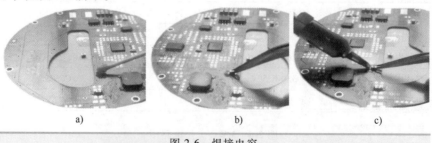

a)   b)   c)

图 2-6 焊接电容

 **任务评价**

对于电容元件的检测与更换任务，请按照表 2-3 所列评价内容与标准进行任务评价。

表 2-3　电容元件的检测与更换任务评价

评价模块	评价内容	得分
知识模块 （30%）	复述无人机常用电容元件的工作原理与分类（10 分）	
	复述无人机常用贴片电容的型号与作用（10 分）	
	写出无人机常用电容元件的标识方法（10 分）	
能力模块 （50%）	正确、全面地检查飞行环境，准备工作有序（10 分）	
	使用正确的方法检测无人机常用贴片电容（15 分）	
	正确使用电烙铁焊接电容元件（15 分）	
	正确使用电烙铁拆焊电容元件（10 分）	
素养模块 （20%）	能够选取恰当的工具检测元件（10 分）	
	能按流程要求实施任务（10 分）	
总分		

任务 2.2　电阻元件的检测与更换

任务目标

1. 知识目标

1）了解无人机常用电阻元件的工作原理与分类。

2）掌握无人机常用贴片电阻的型号与作用。

3）了解无人机常用电阻元件的标识方法。

4）掌握无人机常用贴片电阻的检测方法。

2. 能力目标

1）能从无人机飞控、电路板的电路图中识别无人机电阻元件的图形符号。

2）能够根据型号和标识符号等识别无人机电阻元件的主要参数。

3）能够根据元器件的外观、颜色及其主要作用，结合故障现象初步排查或锁定故障元器件。

4）能够选取合适的检测工具与方法，熟练检测无人机电阻元件。

5）能正确选取维修工具，安全高效地更换故障电阻元件。

3. 素养目标

1）通过探索新的维修方法，培养自主创新意识。

2）通过小组合作，培养齐心协力、密切配合的团队精神。

3）通过维修过程中的规范操作，培养切实履行应尽职责的职业意识。

任务分析

电阻有很多种类型，在无人机上使用的贴片电阻具有体积小、重量轻、稳定性好、可靠性高等特点，广泛应用在无人机飞控板、电子调速器、电路板等精密部件中，在电路中主要起分压、分流的作用。

本任务介绍了电阻元件的工作原理、分类、标识方法，以及无人机上常用的电阻型号等内容，要求学会检测无人机飞控板上的电阻，并能够对四旋翼无人机电路板上的电阻进行焊接和拆焊操作。

知识储备

2.2.1 电阻元件工作原理

电阻是反映电路元器件消耗电能这一物理性能的一种理想元件。电阻也是一个物理量，在物理学中表示导体对电流阻碍作用的大小。导体对电流的阻碍作用称为该导体的电阻。导体的电阻越大，则导体对电流的阻碍作用也越大，如图2-7所示。

导体的电阻通常用字母 R 表示，电阻的单位是欧姆，简称欧，符号是 Ω，比较大的单位有千欧（$k\Omega$）、兆欧（$M\Omega$）。电阻的主要物理特征是能将电能转换为热能，是一个耗能元件。

电阻在电路中起到分压分流的作用，对信号来说，交流与直流信号都可以通过电阻。图2-8所示为电阻及其电路。

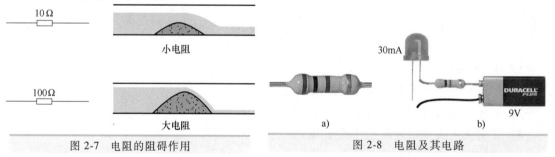

图2-7　电阻的阻碍作用　　　　　　　　图2-8　电阻及其电路

2.2.2 电阻的分类

根据电阻的特性、用途和结构特点的不同，一般将电阻分为固定电阻、可变电阻、特殊电阻（热敏电阻、光敏电阻、压敏电阻、磁电阻）、贴片电阻、大功率电阻、小功率电阻。

1. 贴片电阻

贴片电阻又称片式固定电阻（chip fixed resistor），属于金属玻璃釉电阻中的一种，是将金属粉和玻璃釉粉混合，采用丝网印刷法印在基板上制成的电阻。

贴片电阻具有以下特性。

1）体积小，重量轻。

2）适应再流焊与波峰焊。

3）耐潮湿、耐高温，温度系数小，灵敏度高的特点，因此可节约电路空间成本，使设计更加精细化。

4）稳定性好，可靠性高。

5）装配成本低，易与自动装贴设备配合使用。

6）力学性能好、高频特性优越。

贴片电阻结构如图 2-9 所示。它由陶瓷基板、背电极、面电极、电阻体、一次保护、二次保护、端电极、中间电极、外部电极等构成。

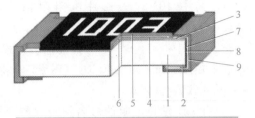

图 2-9 贴片电阻的结构
1—陶瓷基板 2—背电极 3—面电极 4—电阻体
5—一次保护 6—二次保护 7—端电极
8—中间电极 9—外部电极

2. 薄膜电阻与厚膜电阻

贴片电阻属于金属膜电阻。按工艺上的不同可将其分为薄膜电阻和厚膜电阻，两者都是用某种方法将具有一定电阻率的材料附着于绝缘材料的表面。

（1）薄膜电阻　通过在绝缘基板上沉积金属或合金薄膜形成。常用材料有铂、镍铬合金等，薄膜通常具有光滑且均匀的厚度，其形状和尺寸由光刻和腐蚀工艺控制。薄膜电阻具有以下特性。

1）薄膜的膜厚通常为 $1\mu m$ 或更小。

2）薄膜电阻具有较高的精度。

3）薄膜电阻的温度系数小，这样电阻的阻值随温度变化而变化的速率非常小，温度系数最小可达 $5ppm/℃$。

4）薄膜电阻通常采用真空蒸发、磁控溅射等工艺方法制成。

（2）厚膜电阻　厚膜电阻是在绝缘基板上涂覆一层较厚的电阻材料形成，一般采用丝网印刷工艺，使用厚膜激光调阻机将阻值修调到规定的要求。通常是采用以 $96\%\ Al_2O_3$ 的陶瓷基板作为散热基材，Ag-Pd 作为导体材料，玻璃釉作为包封材料，端头电镀镍锡等。厚膜电阻是市面上常见的电阻，是被大量使用的电阻，其特点如下。

1）厚膜电阻的膜厚一般大于 $10\mu m$。

2）厚膜电阻的常见精度为 $1\%\sim5\%$。

3）厚膜电阻的温度系数较大。

4）厚膜电阻的温度系数为 $\pm200\sim\pm400ppm/℃$。

2.2.3 电阻的标识方法

电阻阻值的标识方法通常有色环法和数字法。在一般的电阻上常用色环法。由于飞控主板、电子调速器、接收机等电路中需要使用的电阻一般体积比较小，所以采用数字法，用 10^1 表示 10Ω 的电阻、10^2 表示 100Ω 的电阻、10^3 表示 $1k\Omega$ 的电阻、10^4 表示 $10k\Omega$ 的电阻、10^6 表示 $1M\Omega$ 的电阻、10^7 表示 $10M\Omega$ 的电阻。例如，某个电阻的标识为 22×10^3，则该电阻的阻值为 $22k\Omega$。采用数字法标识电阻一般有三位和四位两种方式，最后一位数字代表乘零倍率，需要注意的是，如果最后一位数字是 9 或 8，则代表小数点位置。有时也使用数字与字母混合标识，用 R 和 M 代表小数点位置，用数字代表阻值有效数字，当单位为 Ω 时，小数点用 R 表示；当单位为 $m\Omega$ 时，小数点用 M 表示。例如 $R10=0.10\Omega$、$R47=0.47\Omega$、

$R047 = 0.047\Omega$、$1R47 = 1.47\Omega$、$M47 = 0.47m\Omega$、$M50 = 0.50m\Omega$、$2M50 = 2.50m\Omega$。

2.2.4 贴片电阻的型号

在购买贴片电阻时，盘式包装上面有很长一串字母和数字组成的标识，如 RI0603L 103JT。其中 103 代表贴片电阻阻值大小，103 表示 $10k\Omega = 10\times10^3\Omega$；J 代表阻值误差大小，B = ±0.1%、D = ±0.5%、F = ±1%、J = ±5%；T 代表包装方式，T = T/R（编带/卷带）、B = bulk in poly bag（散装/袋装）、C = bulk in cassette（散装/盒装）。

只有了解贴片电阻的命名规则才能更好地读懂和选择需要的贴片电阻。例如图 2-10 所示的贴片电阻标识 RI0603L 133JT，其中 RI 表示厚膜电阻，0603 表示电阻的封装，L 表示温度系数。

图 2-10 贴片电阻的标识

电阻元件在电路中的符号见表 2-4。

表 2-4 电阻元件在电路中的符号

图形符号	说明	图形符号	说明
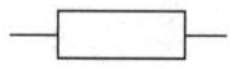	电阻一般符号	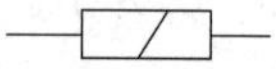	0.25W 电阻
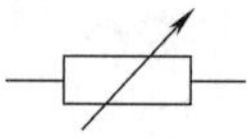	可变(可调)电阻	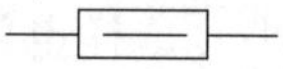	0.5W 电阻
		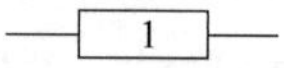 1	1W 电阻(大于 1W 用阿拉伯数字表示)
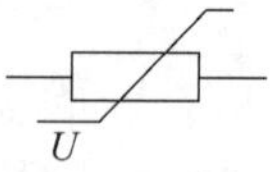 U	压敏电阻、变阻器	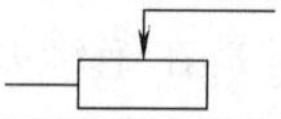	带滑动触点的电阻
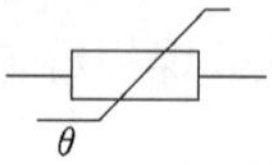 θ	热敏电阻	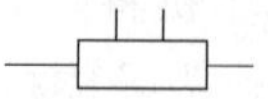	有两个固定抽头的电阻
	0.125W 电阻	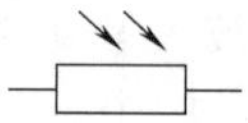	光敏电阻

任务准备

为完成无人机电阻元件的检测任务，需要分组准备材料和工具。

每组准备一些贴片电阻。此外，还需要准备万用表、热风枪、不同型号镊子、海绵、焊锡、助焊剂以及飞控板、四轴飞行器电路板、MWC 飞控板的电路图等。

任务实施

1. 识别无人机飞控电路图中的电阻

通常无人机飞控板会有电阻，图 2-11 和图 2-12 所示为 MWC 飞控电路图及 MWC 飞控中的电阻位置，请在其中查找电阻元件的位置，并在图中对应位置画圈。

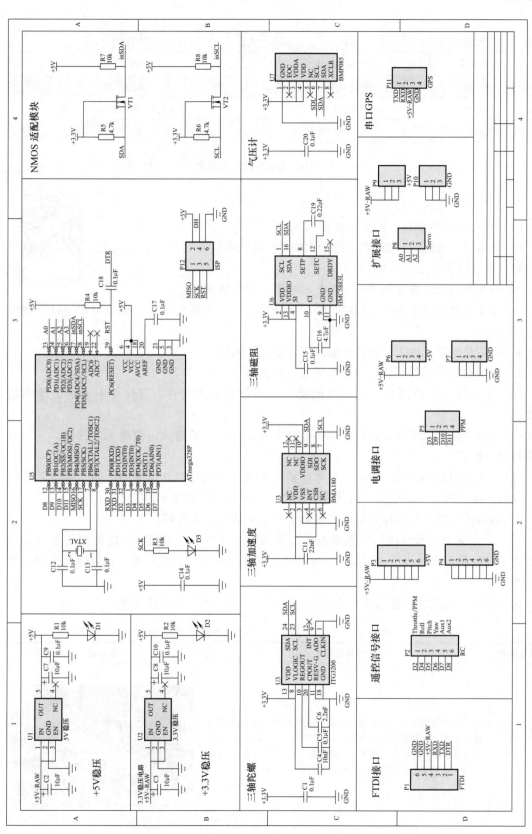

图 2-11　MWC 飞控电路图

序号	名称	规格	数量	位号
1	陀螺仪	MPU6050模块	1	MPU6050
2	贴片电阻	0603/1kΩ/5%	3	R2，R5，R6
3	贴片电阻	0603/10kΩ/5%	7	R1，R3，R4，R8，R9，R10，R11
4	贴片电阻	0603/470Ω/5%	7	R1，R3，R4，R8，R9，R10，R11

图 2-12　MWC 飞控中的电阻位置

2. 检测飞控板中的贴片电阻

（1）外观特征判断法　其操作步骤如下。

检测贴片电阻

1）观察贴片电阻元件表面二次玻璃体保护膜是否覆盖完好，若出现脱落，则可能已经损坏。

2）贴片电阻元件表面应平整，若凸凹不平，则可能损坏。

3）贴片电阻元件引出端电极应平整、无裂痕针孔、无变色现象，如果出现裂纹，则可能已经损坏。

4）若贴片电阻元件表面颜色变黑，则可能已经损坏。

5）若贴片电阻元件已经变形，则可能已经损坏。

（2）万用表在线检测法　在线检测是不拆下贴片电阻元件，直接在电路板上检测的方法。

1）当所测阻值大于标称值时，说明电路中有元件存在断路或阻值增大的故障，表明电阻元件已经损坏。

2）当所测阻值小于标称值时，要考虑到是外围并联元件对其造成的影响，应将贴片电阻元件的一端或两端脱开电路并对其进行检测，以便测得实际结果。

3）当测得的阻值接近标称值时，可判定电阻元件完好无损坏。

（3）万用表开路检测法　与万用表在线检测法不同的是，万用表开路检测法是将待检测的电阻元件从电路中拆下来测量。开路检测时可断开电阻元件的一端，也可将其全部拆下来检测。

无人机飞控板贴片电阻元件在线检测步骤请参照表 2-5 所示操作步骤。

表 2-5　无人机飞控板贴片电阻元件在线检测

操作步骤	操作说明	示意图
1	观察待测电阻元件。在线检测贴片电阻元件时首先断开电阻元件所在电路板的供电电源，然后观察贴片电阻元件，如果有烧焦、虚焊等情况，则基本可以确定是电阻元件发生了故障。接着根据贴片电阻元件的标称电阻读出电阻元件的阻值	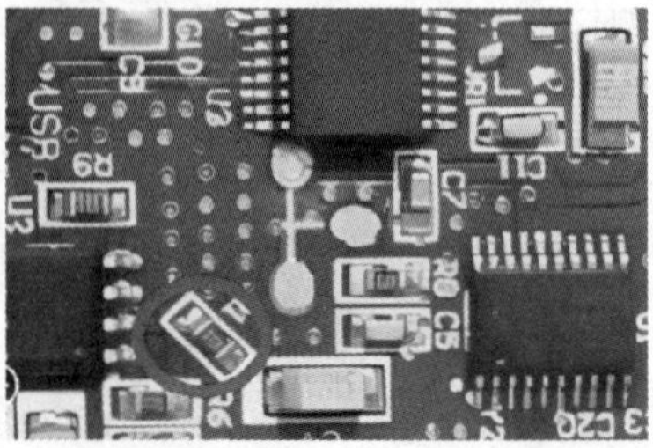

（续）

操作步骤	操作说明	示意图
2	清理待测电阻元件。如果待测电阻元件表面有脏污,可以用刷子清理一下引脚的灰尘,若有锈迹也可以用细砂纸打磨一下,否则会影响检测结果	
3	装好表笔。将黑表笔插进"COM"插孔中,红表笔插进"VΩ"插孔中	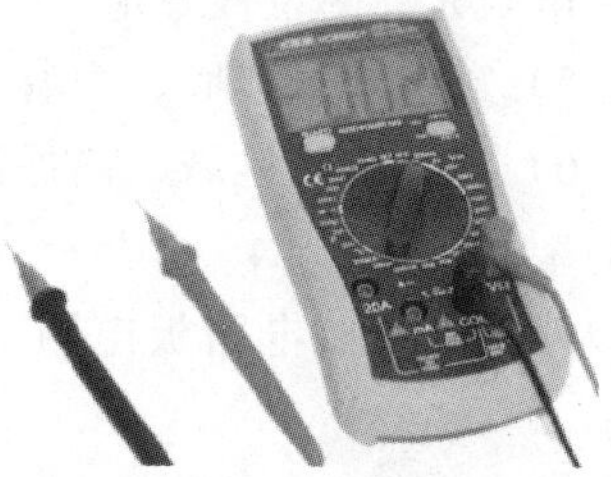
4	调好量程。根据贴片电阻元件的标称阻值调节万用表的量程。本次检测的贴片电阻元件的标称阻值为10kΩ,因此选择在20kΩ的量程	
5	测量阻值。将万用表的红、黑表笔分别搭在贴片电阻两引脚的焊点上,观察万用表显示的数值,测量值为9.99kΩ	
6	交换两色表笔进行测量。将红、黑表笔互换位置,再次测量,万用表显示的数值为10.00kΩ 从两次测量数值中选取较大的值作为参考阻值,即选取10.00kΩ作为参考阻值。它跟标称阻值相差不大,该贴片电阻元件是可以使用的	

3. 更换四旋翼无人机电路板

（1）拆焊贴片电阻元件　拆焊贴片电阻元件的步骤如下。

1）设定电烙铁的温度。将电烙铁的温度调至（330±10）℃进行拆焊。

2）尽量用烙铁头加热面积较大的部分进行热传导，可加一些新焊锡，以加快热传导。

3）整理焊盘及元件引脚。

（2）焊接贴片电阻元件　焊接贴片电阻元件的步骤如下。

1）确认电路板和贴片电阻元件的焊盘表面清洁，无杂质和氧化物。

2）将贴片电阻元件放置在焊盘上，并确保引脚正确对准。

3）使用焊锡和电烙铁加热贴片电阻元件的一侧焊盘，让焊锡充分润湿焊盘。

4）在另一侧焊盘上加热，使焊锡充分润湿另一侧焊盘，同时保持贴片电阻元件的位置稳定。

电阻、电容的焊接

5）确保焊接牢固，没有短路或虚焊现象。

6）清洁焊接区域，确保没有残留的焊锡或通孔内的杂质。

四轴飞行器电路板电阻元件焊接效果如图 2-13所示。

（3）合格焊点外观标准　合格的焊点应满足以下要求。

1）焊点应呈内弧型。

2）焊点应光滑、亮泽、干净，无锡刺、针孔、空隙、污垢和松香渍。

3）焊接牢固、焊锡包住整个焊盘及引脚。

图 2-13　四轴飞行器电路板电阻元件焊接效果

任务评价

对于电阻元件的检测与更换任务，请按照表 2-6 所列评价内容与标准进行任务评价。

表 2-6　电阻元件的检测与更换任务评价

评价模块	评价内容	得分
知识模块 （30%）	复述电阻元件的工作原理和分类（10分）	
	复述电阻的标识方法及无人机上常用的电阻型号（10分）	
	熟知无人机贴片电阻的型号标识的含义（10分）	
能力模块 （50%）	正确识别无人机飞控电路图中的电阻符号（10分）	
	正确使用万用表检测飞控板上的贴片电阻元件（15分）	
	正确使用电烙铁对四旋翼无人机电路板进行拆焊操作（10分）	
	正确使用电烙铁对四旋翼无人机电路板进行焊接操作（15分）	
素养模块 （20%）	正确使用工具，遵守安全操作规范（10分）	
	能按流程要求实施任务（10分）	
总分		

任务 2.3　电感元件的检测与更换

 **任务目标**

1. 知识目标

1）了解无人机常用电感元件的工作原理与分类。

2）掌握无人机常用贴片电感的型号与作用。

3）了解无人机常用电感元件的标识方法。

4）掌握无人机常用贴片电感的检测方法。

2. 能力目标

1）能从无人机飞控、电路板的电路图中识别无人机电感元件的图形符号。

2）能够根据型号和标识符号等识别无人机电感元件的主要参数。

3）能够根据元器件的外观、颜色及其主要作用，结合故障现象初步排查或锁定故障元器件。

4）能够选取合适的检测工具与方法，熟练检测无人机电感元件。

5）能正确选取维修工具，安全高效地更换故障电感元件。

3. 素养目标

1）通过规范操作流程，培养安全生产的意识。

2）以小组为单位完成实训任务，培养合作意识。

3）通过探索新的维修方法，培养创新意识。

任务分析

飞控是无人机在起飞、巡航、降落阶段能对无人机的其他系统及元器件起协同控制作用的元件。无人机在空中安全稳定地执行飞行任务离不开电感元件，无人机飞控信号的发送与接收同样离不开电感元件。在无人机飞控的电路设计中，往往会有电感元件的存在。

本任务介绍了电感元件的工作原理、分类、标识方法，以及贴片电感元件的检测方法等内容，同时要完成飞控滤波电感元件故障的检测、飞控滤波电感元件的更换等任务，学会无人机飞控中常用电感元件的检测与更换操作。

知识储备

2.3.1　电感元件的工作原理

电感（inductor）是与电阻和电容同样重要的被动元器件。它是一种能将电能通过磁通量的形式储存起来的被动电子元器件。

工程技术中使用的电感元件一般是由导线绕制而成的线圈。当电流通过线圈后，在线圈中形成磁场感应，感应磁场又会产生感应电流来抵制通过线圈中的电流。

向绕组形成的线圈施加电流时，会像磁铁一样产生磁力线，如图2-14所示。

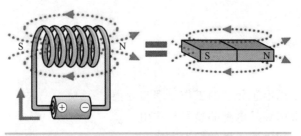

图2-14　产生磁力线示意

向绕组形成的线圈中插入或取出磁铁时，线圈内产生电流，其磁场与磁铁自身磁场相反，如图2-15所示。

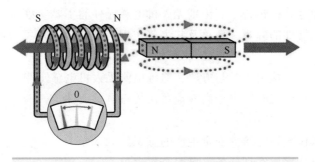

图2-15　线圈产生电流示意

磁铁在线圈中运动方向不同，其所产生的电流方向也不同，如图2-16所示。

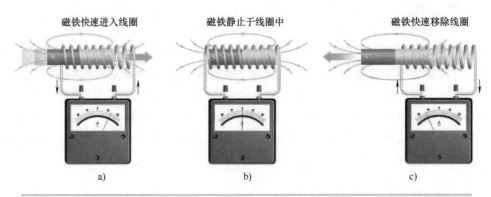

图2-16　根据磁铁运动方向产生的电流方向示意

同理可知，如果加载的电流方向发生变化，则其所产生的磁场方向也发生变化，即总是阻止变化发生的方向。

直流电流可通过线圈，直流电阻就是导线本身的电阻，压降很小。当交流电流通过线圈时，线圈两端将会产生自感电动势，自感电动势的方向与外加电压的方向相反，能阻碍交流电流的通过。因此，电感的特性是通直流、阻交流，且电流频率越高，线圈阻抗越大，如图 2-17 所示。

10mH
小电感
100mH
大电感

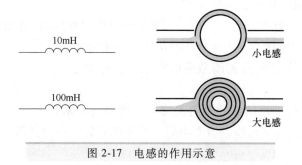

图 2-17 电感的作用示意

电感常用 L 表示，例如：$L6$ 表示编号为 6 的电感。电感在电路图中的图形符号，又称电路符号，电路图中不同类型的电感通常采用不同的符号，如图 2-18 所示。

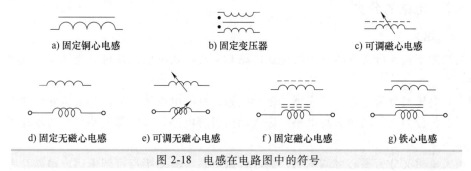

a) 固定铜心电感
b) 固定变压器
c) 可调磁心电感
d) 固定无磁心电感
e) 可调无磁心电感
f) 固定磁心电感
g) 铁心电感

图 2-18 电感在电路图中的符号

电感在电路图的符号是由几个半圆形的线和两根引出直线构成，几个半圆形的线就是电感的图形符号，形象且简化地表达了电感内部线圈的外形，两根引出线相当于电感的两个引脚，由图形符号两端伸出，与电路图中的电路线连通，构成电子线路。

电感主要有以下参数

（1）电感量　也称自感系数（L），是表示电感元件自感应能力的一种物理量。

电感的基本结构是将导线缠绕成线圈状的，能够将电能转换成磁能并蓄积在电感器内部。被蓄积的磁能量由电感的电感量来决定，如图 2-19 所示。

长度
内芯
横截面积
磁场方向
匝数
磁场变化
电流变化
感应电流

图 2-19 电感的电子线路示意

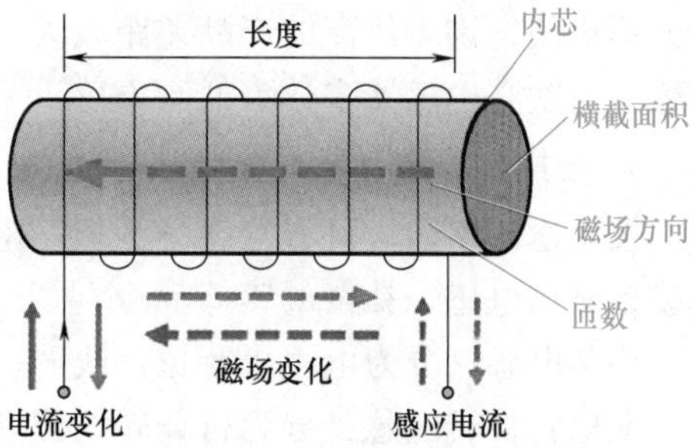

线圈匝数越多，磁场越强。同时，横截面积变大，或改变磁芯都能够使磁场增强。电感的电感量可通过下式获得

$$L=\frac{k\mu SN^2}{l} \quad (2\text{-}1)$$

式中，L 为电感（H）；k 为长冈系数；μ 为磁芯的磁导率（H/m）；N 为线圈的匝数；S 为线圈的横截面积（m^2）；l 为线圈的长度（m）。

从式（2-1）不难看出，增大电感值有以下三种途径。

1）增大线圈横截面积 S。

2）增加线圈匝数 N。

3）放入磁心增加磁导率 μ。

电感量的基本单位为亨［利］（H），为了简便读作"亨"。电感量的常用单位还有毫亨（mH）、微亨（μH），换算关系为 1H＝1000mH，1mH＝1000μH。

（2）品质因数　表示电感线圈品质的参数，也称 Q 值。Q 值越大，电路的损耗越小，效率越高。

（3）分布电容　线圈匝间、线圈与地之间、线圈与屏蔽盒之间，以及线圈的层间都存在着电容，这些电容统称为线圈的分布电容。分布电容的存在会使线圈的等效总损耗电阻增大，品质因数 Q 降低。

（4）额定电流　允许长时间通过线圈的最大工作电流。

（5）稳定性　参数受温度、湿度和振动等影响的程度。

2.3.2　电感的分类

1. 按结构分类

按结构的不同，可将电感分为线绕式电感和非线绕式电感，还可分为固定式电感和可调式电感。

固定式电感又分为空心电子表感、磁心电感、铁心电感等，根据其结构外形和引脚方式的不同，还可分为立式同向引脚电感、卧式轴向引脚电感、大中型电感、小巧玲珑型电感和片状电感等。

可调式电感又分为磁心可调电感、铜心可调电感、滑动接点可调电感、串联互感可调电感和多抽头可调电感。

2. 按贴装方式分类

按贴装方式的不同，可将电感分为贴片式电感和插件式电感。同时将有外部屏蔽的电感称为屏蔽电感，将线圈裸露的电感称为非屏蔽电感。

3. 按工作频率分类

按工作频率的不同，可将电感分为高频电感、中频电感和低频电感。目前高频电感在技术上不成熟，许多厂商的产品差距较大。空心电感、磁心电感和铜心电感一般为中频或高频电感，而铁心电感器多数为低频电感。

4. 按用途分类

按用途的不同，可将电感分为振荡电感、校正电感、显像管偏转电感、阻流电感、滤波电感、隔离电感、补偿电感等。

振荡电感又分为电视机行振荡线圈、东西校正线圈等。

显像管偏转电感又分为行偏转线圈和场偏转线圈。

阻流电感（也称阻流圈）又分为高频阻流圈、低频阻流圈、电子镇流器用阻流圈、电视机行频阻流圈和电视机场频阻流圈等。

滤波电感又分为电源（工频）滤波电感和高频滤波电感。

不同种类的电感如图 2-20 所示。

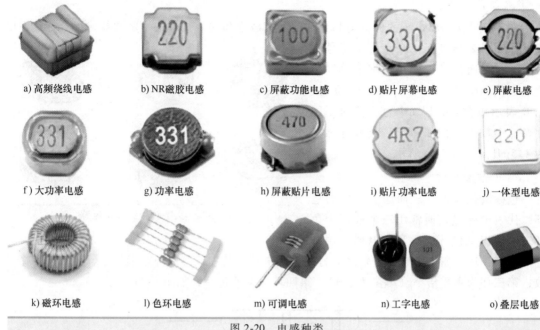

a) 高频绕线电感　　　b) NR磁胶电感　　　c) 屏蔽功能电感　　　d) 贴片屏幕电感　　　e) 屏蔽电感

f) 大功率电感　　　g) 功率电感　　　h) 屏蔽贴片电感　　　i) 贴片功率电感　　　j) 一体型电感

k) 磁环电感　　　l) 色环电感　　　m) 可调电感　　　n) 工字电感　　　o) 叠层电感

图 2-20　电感种类

2.3.3　电感的标识方法

1. 直标法

直标法是将电感的标称电感量（标称值）用数字和文字符号直接标在电感上，电感量单位后面的字母表示允许偏差，如图 2-21 所示。

电感在电路中的允许偏差是指电感上标称的电感量与现实电感的允许误差值。色环电感是用于振荡或滤波等电路中的电感，对精度要求较高，允许偏差为 $\pm0.2\% \sim \pm0.5\%$；用于耦合、高频阻流等线圈的电感对精度要求不高，允许偏差为 $\pm10\% \sim \pm20\%$。表 2-7 中列出了电感上各字母代表的允许偏差。

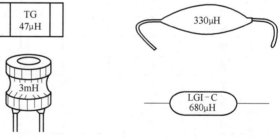

图 2-21　直标法标识电感

表 2-7　电感元件各字母代表的允许偏差

英文字母	允许偏差（%）	英文字母	允许偏差（%）
Y	±0.001	C	±0.25
X	±0.002	D	±0.5
E	±0.005	F	±1
L	±0.01	G	±2
P	±0.02	J	±5
W	±0.05	K	±10
B	±0.1	M	±20

2. 文字符号法

文字符号法是将电感的标称值和允许偏差用数字和文字符号按一定的规律组合标注在电感上，如图 2-23 所示。采用文字符号法表示的电感通常是一些小功率电感，单位通常为 nH 或 pH。以 pH 为单位时，用 R 表示小数点，以 nH 为单位时，用 N 表示小数点。例如 1R5，表示电感量为 1.5μH，如图 2-22 所示。

图 2-22　文字符号法标识电感

3. 色标法

色标法是在电感表面涂上不同的色环以代表电感量，通常用三个或四个色环表示。识别色环时，紧靠电感一端的色环为第一环，露出电感本色较多的另一端为末环。其中，第一环是十位数，第二环为个位数，第三环为乘零倍率（单位为 μH），第四环为误差色环，如图 2-23 所示。

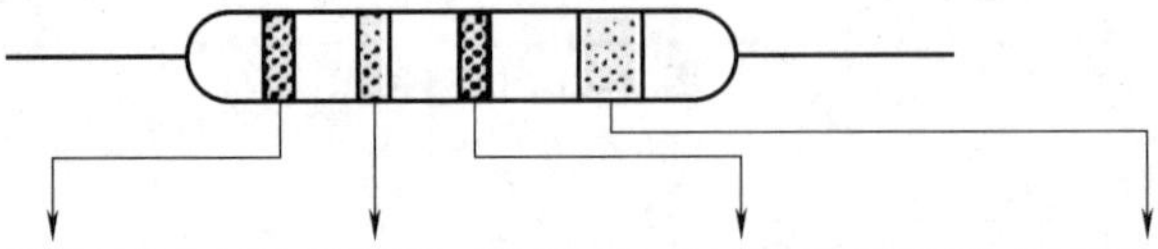

颜色	第一环	第二环	第三环(乘零倍率)	第四环(误差)
黑	0	0	1	±20%
棕	1	1	10	±1%
红	2	2	100	±2%
橙	3	3	1000	±3%
黄	4	4	10000	±4%
绿	5	5	100000	
蓝	6	6	1000000	
紫	7	7	10000000	
灰	8	8	100000000	
白	9	9	1000000000	
金			0.1	±5%
银			0.01	±10%

图 2-23　色标法标识电感

EC24、EC36、EC46 三个系列色码电感的电感量在 0.1μH 以下时，用金色条形码表示小数点，之后的三个色码表示其电感量。电感量在 0.1μH 以下时，不标出允许误差。EC22 系列的色码电感因体积小，只用三个色码表示，因此电感量允许误差不会标示出来。

4. 数码标识法

数码标识法是用三位数字来表示电感量的方法，常用于贴片电感。三位数字中，从左至右的第一、第二位为有效数字，第三位数字表示乘零倍率。需要注意的是，用这种方法读出的色环电感量，默认单位为微亨（μH）。如果电感量中有小数点，则用 R 表示，并占一位有效数字。例如，330 的电感量为 33×100μH＝33μH，4R7 的电感量为 4.7μH。

2.3.4　贴片电感的检测方法

贴片电感是用绝缘导线绕制而成的电磁感应元器件，属于常用的电感元件。贴片电感又称功率电感、大电流电感和表面贴装高功率电感。贴片电感具有良好的磁屏蔽性，并且烧结密度高、力学性能好。不足之处是合格率低、成本高、电感量较小、Q 值低。

1. 贴片电感的结构

贴片电感由电极、引脚、顶部树脂涂层、非磁性陶瓷心等组成，如图 2-24 所示。

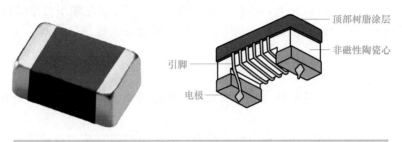

图 2-24　贴片电感的结构

2. 贴片电感的特点

1）贴片电感尺寸小、有利于电路的小型化，并且磁路封闭，不会干扰周围的元器件，也不会受临近元器件的干扰，有利于元器件的高密度安装。

2）贴片电感具有一体化结构，因此，可靠性高、耐热性、可焊接性能优越。

3）贴片电感的形状规整，适合于自动化表面安装生产。

3. 贴片电感的类型

常用贴片电感有绕线贴片电感、贴片功率电感、叠层贴片电感、陶瓷体电感和贴片屏蔽电感。

1）绕线贴片电感。其优点是电感量精度高、损耗小（即 Q 值大）、容许电流大、制作工艺继承性强、成本低等。不足之处是在进一步小型化方面受到限制。以陶瓷为心的绕线型片式电感因在较高的频率仍能够保持稳定的电感量和较高的 Q 值，故在高频回路中占有一席之地。可以在绕线贴片电感本体上标识。

2）贴片功率电感。贴片功率电感的表面贴装高功率电感，具有小型化、高品质、高能量储存和低电阻的特性。可以在贴片功率电感本体上标识，例如 220，指的是电感量为 22μH。

3）叠层贴片电感。叠层贴片电感不是线圈缠绕出来的，而是烧出来的。铁氧体叠层贴片电感主要是用铁氧体材料粉末在高温炉中烧出来的。

4）陶瓷体电感。陶瓷体电感是用陶瓷体材料烧而成。与铁氧体叠层贴片电感不同的是，陶瓷体电感在高频应用中有较好性能，但陶瓷体电感的电感量不高，一般只有 nH 级别，而铁氧体可以做到几十 μH，甚至更大。

5）贴片屏蔽电感。贴片屏蔽电感的磁路封闭，不会干扰周围的元器件，也不会受临近元器件的干扰，有利于元器件的高密度安装。可以在贴片屏蔽电感本体上标识，例如 151 指的是电量量为 150μH。

4. 贴片电感的作用

1）滤波。贴片电感可以作为滤波器的元件，用于滤除信号中的高频噪声或波动，保证电路中信号的稳定性和纯净度。

2）电源管理。在电源管理电路中，贴片电感通常用于存储能量、稳定电压和调节电流，帮助实现高效的电源转换和稳定的电压输出。

3）阻抗匹配。贴片电感可以用来调节电路的阻抗，帮助匹配不同部分之间的阻抗，提高整个电路的性能和效率。

4）谐振。贴片电感可以与电容结合形成谐振回路，用于特定频率的振荡和信号处理。

5）信号耦合。在通信和传感器电路中，贴片电感可以实现信号的耦合和传递，提高信号的传输效率和质量。

5. 贴片电感的检测方法

1）查看外壳。查看电感的外壳是否因大电流流过后而被烧焦，如果被烧坏，则直接更换电感。

2）万用表检测法。将万用表调节到欧姆档，万用表的两表笔与电感两引脚连接，当检测到的阻值非常大时，则说明电感损坏，因为电感在正常的工作情况下阻值很小，不超过几十欧。

3）替换法。如果应用以上两种方法都没检测出问题，就采用替代法。用一个好的电感替换，如果电路工作正常了，则说明电感损坏。同时应该查看一下电感引脚，防止出现虚焊的情况。

任务准备

为完成无人机电感的检测与更换任务，需要分组准备材料和工具。

每组准备一些贴片电感。此外，还需要准备万用表、热风枪、不同型号镊子、海绵、焊锡、助焊剂以及飞控板、飞控板的电路图等。

任务实施

1. 检测飞控中的电感元件

无人机飞控在使用过程中常会发生一些故障。图 2-25 所示为新组装的小型无人机飞控板，当给连接好的电路供电时，无人机飞控上的电感元件冒烟了。

若无人机设备在接电后电感元件冒烟，需要确认以下情况。

1）接线是否正确？是否存在虚接或者短路的

图 2-25 小型无人机飞控板上的故障电感

情况？

2）是否存在线路绝缘老化并受潮的情况？

3）是否量程偏小或互感器不匹配的情况？

4）电感元件与芯片的距离是否太远？布线是否正确？

根据元器件的封装规格、材料、电路板周边情况，选择合理的工具与方法进行检测。本任务选择万用表检测该电感，具体步骤如下。

1）用小毛刷将待测贴片电感两端的引脚清洁干净。

2）准备万用表，检测贴片电感元件是否有短路故障。

3）将万用表的转换开关置于200档，红黑表笔分别接在贴片电感元件两端的引脚上。

4）万用表显示贴片电感元件两端的电阻为2Ω，即贴片电感元件不存在电路故障。如果万用表没有任何反应，说明该电感出现短路，其内部已损坏。

2. 更换飞控滤波电感元件

（1）拆焊电感元件　根据元器件的封装规格、材料和电路板周边环境，选择合适的工具进行拆焊。本任务可选择热风枪对滤波电感进行拆焊，具体步骤如下。

更换飞控滤波电感元件

1）在飞控板上需要更换滤波电感的位置加入少量的助焊剂。

2）将热风枪加热到330℃，风速调至一档。在加热的过程中需要确认底部焊盘上滤波电感两引脚的焊锡是否充分熔化，待焊锡充分熔化后，慢慢取下滤波电感元件。

（2）焊接电感元件　根据元器件的封装规格、材料和电路板周边环境，选择合适的工具进行焊接。本任务选择热风枪进行焊接，具体步骤如下。

1）当底部焊盘残留的焊锡比较多时，在焊接时只需加入少量的助焊剂。

2）热风枪加热到330℃，风速调至一档。

3）用镊子夹住滤波电感，对齐引脚位置并加热，待焊锡充分熔化时，用镊子夹住电感元件轻动几下，让电感与焊锡充分接触，使焊接更加牢固。

任务评价

对于电感元件的检测与更换任务，请按照表 2-8 所示评价内容与标准进行任务评价。

表 2-8　电感元件的检测与更换任务评价

评价模块	评价内容	得分
知识模块 （30%）	复述电感元件的工作原理与分类（10分）	
	复述电感元件的标识方法（10分）	
	熟知无人机贴片电感元件的检测方法（10分）	
能力模块 （50%）	正确检测无人机飞控中的电感元件，准备工作有序（10分）	
	正确识别常用飞控电路图中的电感符号（15分）	
	正确使用万用表检测飞控中的贴片电感元件（15分）	
	正确使用电烙铁焊接四旋翼无人机飞控滤波电感元件（10分）	

（续）

评价模块	评价内容	得分
素养模块 （20%）	遵守安全操作规范（10分）	
	能按流程要求实施任务（10分）	
	总分	

任务 2.4 晶体振荡器元件的检测与更换

任务目标

1. 知识目标

1）了解无人机常用晶体振荡器元件的工作原理与分类。

2）掌握无人机常用晶体振荡器元件的型号与作用。

3）了解无人机常用晶体振荡器元件的检测方法。

4）掌握无人机常用晶体振荡器元件的焊接方法。

2. 能力目标

1）能从无人机飞控、电路板的电路图中识别晶体振荡器元件的图形符号。

2）能够根据型号和标识符号等识别无人机晶体振荡器元件的主要参数。

3）能够根据元器件的外观、颜色及其主要作用，结合故障现象初步排查或锁定故障元器件。

4）能够选取合适的检测工具与方法，熟练检测无人机晶体振荡器元件。

5）能正确选取维修工具，安全高效地更换故障晶体振荡器元件。

6）能够选取合适工具和方法检测更换元器件后的无人机设备系统总体性能的稳定性。

3. 素养目标

1）以小组为单位完成任务，培养合作意识。

2）通过维修操作，培养严谨细致的职业精神。

3）通过严格按照任务要求完成无人机设备系统总体性能检测，培养质量意识。

任务分析

晶体振荡器在单片机系统中起着提供时钟信号的作用，时钟信号的频率越快，单片机的运行速度越快。晶体振荡器是利用一种能把电能和机械能相互转化的晶体，在共振的状态下工作可以提供稳定、精确的单频振荡。晶体振荡器在电路中稍有偏差，便会造成整个电路板性能变差，甚至不工作。无人机在不同环境下工作，其对晶体振荡器的要求也不同。

本任务学习晶体振荡器的工作原理、分类，无人机设备常用的晶体振荡器的型号以及晶体振荡器的主要作用。同时，学会检测飞控板上的晶体振荡器，掌握焊接和拆焊多引脚贴片晶体振荡器元件的方法。

知识储备

2.4.1 晶体振荡器的工作原理

晶体振荡器是一种利用石英晶体的谐振特性来产生稳定的时钟信号的元器件。晶体振荡器利用石英晶体的谐振特性，在施加电压时石英晶体产生稳定机械振动，通过反馈回路维持振荡稳定，并输出稳定的时钟信号，用于驱动数字电路中的时序操作，确保设备正常运行。

晶体振荡器一般由上盖、晶片、IC、导电胶、陶瓷基座等组成，如图 2-26 所示。晶体振荡器具有体积小、重量轻、可靠性高等优点，在要求频率十分稳定的振荡电路中，具有极高的稳定性。

晶体振荡器具有压电效应，即在晶片两极外加电压后晶体会产生变形，反之，如外力使晶片变形，则两极上金属片又会产生电压。如果给晶片加上适当的交变电压，晶片就会产生谐振（谐振频率与石英斜面倾角等有关，且频率一定）。在通常工作条件下，普通的晶体振荡器频率的绝对精度可达 0.005%。利用该特性，晶体振荡器可以提供较稳定的脉冲，广泛应用于微芯片的时钟电路。晶体振荡器在电路中的图形符号如图 2-27 所示。

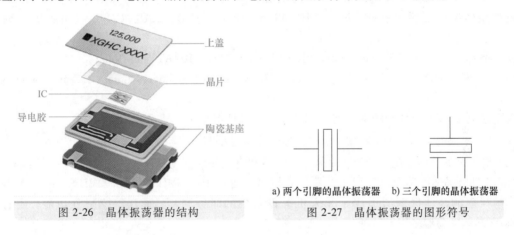

图 2-26　晶体振荡器的结构

a) 两个引脚的晶体振荡器　b) 三个引脚的晶体振荡器

图 2-27　晶体振荡器的图形符号

2.4.2 晶体振荡器的分类

1）按制作材料的不同，可将晶体振荡器分为石英晶体振荡器和陶瓷晶体振荡器。

2）按外形的不同，可将晶体振荡器分为长方形晶体振荡器、圆柱形晶体振荡器、椭圆形晶体振荡器。

3）按封装形式的不同，可将晶体振荡器分为玻璃真空密封型晶体振荡器、金属壳封装型晶体振荡器、陶瓷封装型晶体振荡器及塑料壳封装型晶体振荡器。

4）按谐振频率精度的不同，可将晶体振荡器分为高精度型晶体振荡器、中精度型晶体振荡器及普通型晶体振荡器。

5）按应用特性的不同，可将晶体振荡器分为串联谐振型晶体振荡器和并联谐振型晶体振荡器。

6）按负载电容特性的不同，可将晶体振荡器分为低负载电容型晶体振荡器和高负载电

容型晶体振荡器。

7）按功能和实现技术的不同，可将晶体振荡器进行如下分类。最简单的晶体振荡器，也称钟振；加上电压调频功能，称为压控晶体振荡器；加上温度补偿电路，称为温补晶体振荡器；加上温度控制电路，称为恒温晶体振荡器。温度补偿型晶体振荡器，又分为模拟补偿和数字补偿，区别主要在于补偿电压给出方式不一样。

8）电视机应用的晶体振荡器，可按功能电路分为遥控器、行振荡电路、微处理电路、副载波电路、多制式伴音电路使用的晶体振荡器。

9）电子钟表应用的晶体振荡器，可按石英晶片的形状分为低频音叉型和高频圆薄片型。音叉型晶体振荡器为细圆柱外形，圆薄片型晶体振荡器为扁长方形外形。

10）无人机上经常使用的是贴片晶体振荡器（图2-28）和金属椭圆形晶体振荡器。

图2-28　贴片晶体振荡器

2.4.3　常用晶体振荡器的型号及主要参数

1. 常用晶体振荡器的型号

石英振荡器系列：全尺寸钟振、半尺寸钟振。

石英晶体振荡器系列：HC-49/U、HC-49/S、HC-49/SMD、50U、UM-1、UM-5等系列规格。

音义晶体系列：JU/AT 2mm×6mm、JU/AT3mm×8mm、JU/AT3mm×9mm。

贴片系列：TCXO、VCXO SMD（5mm×7mm、6mm×3.5mm、5mm×3.2mm、4mm×2.5mm）。

陶瓷系列：ZTA系列、ZTT系列、ZTB系列、CRB455 10.7M系列。

2. 无人机飞控（单片机）中常用的晶体振荡器型号

无人机常用的晶体振荡器分为贴片晶体振荡器和直插晶体振荡器两种。直插TO49封装是一种常见的直插式晶体振荡器封装形式，常见的频率包括6MHz、8MHz、11.0592MHz、18.432MHz等。这些频率的晶体振荡器适用于无人机等设备中的时钟同步、通信、控制等功能。还有32.768kHz晶体振荡器多用于时钟芯片。无人机飞控电路图中的8MHz晶体振荡器如图2-29所示。

贴片式晶体振荡器的体积与型号主要有5070、6035、5032、4025、3225、2520、1510七种，其中6035、4025这两种型号不常用。不同厂家生产的型号规格略有不同。以爱普生（epson）贴片式晶体振荡器32.768kHz系列频率范围晶体单元的产品来说，多以FC、MC开头，而圆柱晶体振荡器则以C开头。常用晶体振荡器的型号及频率见表2-9。

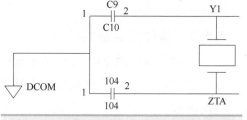

图2-29　无人机飞控电路图中的晶体振荡器

3. 晶体振荡器的主要参数

（1）标称频率　晶体振荡器常用标称频率为1～200MHz，如32768Hz、8MHz、12MHz、24MHz、125MHz等，更高输出频率的晶体振荡器常用PLL（锁相环）将低频进行倍频至1GHz以上。

表 2-9　常用晶体振荡器的型号及频率

型号	体积/mm×mm×mm	频率/kHz
FC1610AN	1.6×1.0×0.5	32.768
FC-12D	2.05×1.25×0.35	32.768
FC-12M	2.05×1.2×0.6	32~77.5
FC-135R	3.2×1.5×0.8	32.768
FC-135	3.2×1.5×0.8	32~77.5
FC-255	4.9×1.8×0.8	32.768
MC-146	7.0×1.5×1.4	32~100
MC-156	7.0×3.3×1.5	32~100

（2）频率误差　输出信号的频率不可避免会有一定的偏差，用频率误差或频率稳定度，以 ppm 为单位来表示，即百万分之一（$1/10^6$），是相对标称频率的变化量。此值越小，表示精度越高。

（3）温度频差　温度频差表示在特定温度范围内，相对于基准温度时工作频率的允许偏差，它的单位也是 ppm。

（4）负载电容　负载电容 CL（load capacitance），是电路中跨接晶体两端的总的有效电容（不是晶体振荡器外接的匹配电容），主要影响负载谐振频率和等效负载谐振电阻，与晶体一起决定振荡器电路的工作频率。调整负载电容，可以将振荡器的工作频率微调到标称值。

2.4.4　晶体振荡器的作用

1. 有源晶体振荡器的作用

有源晶体振荡器内部集成了振荡器电路，能够提供高质量、稳定的时钟信号输出，适用于需要精确时序控制的电子设备和系统。此外，它的集成设计简化了连接和使用方式，降低了系统的复杂性和成本。有源晶体振荡器的高精度时钟同步功能，为各种应用提供了可靠的时钟信号，有助于提高系统性能和稳定性。

2. 无源晶体振荡器的作用

无源晶体振荡器是有两个引脚的无极性元件，需要借助于时钟电路才能产生振荡信号，自身无法振荡起来。例如无源晶体振荡器通常需要使用数字信号处理器（digital signal processor，DSP）片内的振荡器来提供时钟信号，因为它本身没有内置振荡器电路。在起振时，无源晶体振荡器的信号电平会受到振荡电路的影响，因此需要与其他元件组成完整的振荡电路才能正常工作。此外，由于无源晶体振荡器适用于多种电压要求的 DSP，并且价格通常较低，对于需要大批量生产的厂商而言，选用无源晶体振荡器可以降低成本并满足不同时钟信号电压的需求。

晶体振荡器在电路中有着很重要的作用，晶体振荡器也用在许多电子产品上。例如移动通信设备（手机）电路中内置有晶体振荡器，如果不小心摔手机次数过多，有可能导致手机触感不灵敏或出现其他问题，由此看得出晶体振荡器在电路中的重要性。

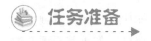
任务准备

为完成无人机晶体振荡器的检测与更换任务，需要分组准备材料和工具。

每组准备一些多引脚贴片晶体振荡器。此外，还需要准备万用表、示波器、热风枪、镊子、海绵、焊锡、助焊剂以及飞控板、飞控板的电路图等。

任务实施

1. 检测无人机飞控板晶体振荡器元件

首先观察无人机飞控板上晶体振荡器的外观有无烧焦、针脚断裂、破裂开路、漏电短路等情况。如果有，则表明该晶体振荡器已经损坏，不能正常使用了。如果其外形完好，则需要进一步检测该晶体振荡器能否正常。

（1）使用指针式万用表检测晶体振荡器　将指针式万用表的转换开关置于电阻档，检测晶体振荡器的正、反向电阻值。将万用表的红黑表笔分别连接晶体振荡器的两个引脚，此时测得的阻值应为无穷大。若测得晶体振荡器有一定的阻值或为 0，则说明该晶体振荡器已漏电或短路。一般而言，若测得的阻值为无穷大，也不能完全判断晶体振荡器是正常，可再用电容法检测，进一步判断晶体振荡器是否正常。

（2）使用数字式万用表检测晶体振荡器　因为晶体振荡器在结构上类似一只小电容，所以可以用电容表检测晶体振荡器的容量，通过所测得的电容值来判断晶体振荡器是否正常。常用晶体振荡器的容量参考值见表 2-10。

表 2-10　常用晶体振荡器的容量参考值

频率	电容量/pF（塑料或陶瓷封装）	电容量/pF（金属封装）
400~503kHz	320~900	—
3.58kHz	56	3.8
4.4kHz	42	3.3
4.43kHz	40	3

2. 检测晶体振荡器波形

1）将示波器直流电信号转换为交流电信号，以便观测晶体振荡器的振荡波形。

2）将示波器的夹子夹在飞控板上晶体振荡器的两个引脚接口之一，确保连接稳固。

3）在示波器的荧光屏上观测并记录第一个引脚的波形，通常会看到晶体振荡器的振荡波形。

4）将示波器的夹子移至另一个晶体振荡器引脚，重复步骤3），观测并记录第二个引脚的波形。

5）通过对比两个引脚的波形，可以判断晶体振荡器是否正常工作，以及波形是否符合预期。示波器检测晶体振荡器波形的方法如图 2-30 所示。

3. 更换无人机飞控板上的晶体振荡器元件

（1）拆焊多引脚贴片晶体振荡器

1）先用细毛笔蘸取助焊剂或用助焊笔在贴片晶体振荡器引脚上涂上适量的助焊剂。

2）热风枪使用大嘴喷头，风速调至 2~3 档，温度调到 300~400℃，使枪嘴与待拆贴片晶体振荡器保持垂直且距离为 1~3cm。

3）当温度和风速稳定后，用热风枪往复均匀地加热晶体振荡器的引脚，待其引脚上的焊锡全部熔化后，用工具沿垂直于电路板的方向取走贴片晶体振荡器即可。如果其周围有怕热元器件或有较多的元器件，需用湿润的海绵或卫生纸覆盖周围的元器件，只露出待拆的晶

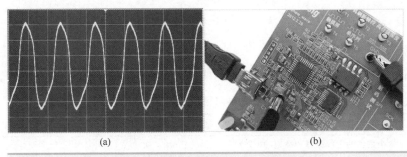

检测晶体振荡器波形

图 2-30　示波器检测晶体振荡器波形的方法

体振荡器。

　　需要注意的是，拆卸晶体振荡器时，使用热风枪加热其焊脚的时间要尽可能短一些。

　　（2）焊接多引脚贴片晶体振荡器　用电烙铁先焊牢晶体振荡器斜对角上 1~2 个引脚。从第一个引脚开始，按顺序逐个焊盘焊接，同时加少许焊锡，将贴片晶体振荡器的引脚全部焊牢。每个焊盘的加热时间约为 2s。

　　也可以用电烙铁先焊牢晶体振荡器斜对角上 1~2 个引脚。在各边引脚上涂上助焊剂，给烙铁头上足量的锡或在引脚上堆上足量的焊锡。从第一个引脚开始逐个引脚焊接，焊接时缓慢匀速地拖拉烙铁，使每个引脚能够分配到足够的焊锡和焊盘焊合。完成一条边上引脚的焊接之后，采用同样的方法焊接其他边上的引脚。

　　还可以用电烙铁先焊牢晶体振荡器四个角的引脚。热风枪使用大嘴喷头，风速调至 2~3档，温度调到 300~400℃，枪嘴与待拆晶体振荡器保持垂直且距离为 1~3cm。当温度和风速稳定后，用热风枪来回均匀地吹焊边上的引脚，待引脚上焊锡熔化后移走热风枪。需要注意的是，在焊锡没有冷却前，不可触动贴片晶体振荡器，因为贴片晶体振荡器的引脚这时有部分已和焊盘焊合。

　　根据晶体振荡器引脚间距，选用圆锥形或凿子形烙铁头，在焊盘上镀上适量的焊锡。需要注意的是，不要让焊盘上的电路发生短路。用镊子夹取贴片晶体振荡器，居中贴放在焊盘相应的位置上，校准极性和方向，使引脚与焊盘对齐。替换晶体振荡器时，要注意新晶体振荡器的型号、频率要跟原来的一样。焊接效果如图 2-31 所示。

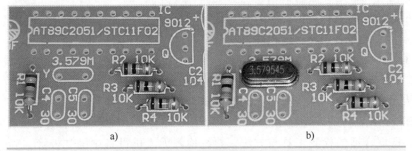

图 2-31　焊接的晶体振荡器

　　因贴片晶体振荡器引脚接触多余的焊锡而造成短路时，可采用以下三种方法处理。

　　1）把烙铁头处理干净，再用其把焊盘上多余的焊锡吸走。

　　2）使用吸锡带或吸锡笔吸取。

　　3）使用吸锡枪（容易把焊盘一同吸起来）。焊接后用棉花蘸适量香蕉水对元器件引脚进行清洗。

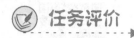

任务评价

对于晶体振荡器元件的检测与更换任务，请按照表 2-11 所列评价内容与标准进行任务评价。

表 2-11　晶体振荡器元件的检测与更换任务评价

评价模块	评价内容	得分
知识模块 （30%）	复述晶体振荡器的工作原理和类型（10 分）	
	复述无人机设备常用晶体振荡器的型号及其主要作用（10 分）	
	熟知无人机飞控板上晶体振荡器的检测步骤与方法（10 分）	
能力模块 （50%）	正确检测无人机飞控板上的晶体振荡器元件（10 分）	
	正确使用示波器检测晶体振荡器的波形（15 分）	
	正确使用电烙铁拆焊四旋翼无人机飞控板上的晶体振荡器元件（10 分）	
	正确使用电烙铁焊接四旋翼无人机飞控板上的晶体振荡器元件（15 分）	
素养模块 （20%）	遵守安全操作规范（10 分）	
	能按要求实施任务（10 分）	
总分		

任务 2.5　二极管的检测与更换

任务目标

1. 知识目标

1）了解无人机常用二极管的结构与分类。

2）掌握无人机常用二极管的型号与作用。

3）了解无人机常用二极管的检测方法。

4）掌握无人机常用二极管的焊接方法。

2. 能力目标

1）能从无人机飞控、电路板的电路图中识别二极管的图形符号。

2）能够根据元器件的外观、颜色及其主要作用，结合故障现象初步排查二极管的故障。

3）能够选取合适的检测工具与方法，熟练检测无人机设备中的二极管。

4）能选取合适的维修工具，安全高效地更换二极管。

3. 素养目标

1）在维修过程中始终保持实事求是的态度，培养科学严谨的职业态度和精益求精的职业精神。

2）遵守安全操作、规范，培养安全生产的职业习惯。

3）在维修过程中逐步查找、分析和解决问题，培养一丝不苟、吃苦耐劳的优良品质。

任务分析

无人机主板上有非常多的二极管器件，认识二极管的外观、检测二极管是否存在故障是检测与维修无人机设备的基础。

本任务学习二极管的结构、分类、二极管的作用、二极管的识别等，在此基础上练习无人机飞控板上常用的贴片二极管的检测方法、贴片二极管的焊接和拆焊等操作方法。

知识储备

2.5.1 二极管的结构

二极管是用半导体材料（硅、硒、锗等）制成的一种电子器件。二极管的结构如图 2-32 所示。它具有单向导电性能，即给二极管阳极和阴极加上正向电压时，二极管导通。当给阳极和阴极加上反向电压时，二极管截止。因此，二极管的导通和截止相当于开关的接通与断开。二极管是最早诞生的半导体器件之一，其应用非常广泛。特别是在各种电子电路中，利用二极管和

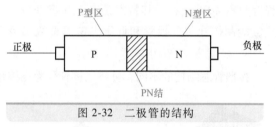

图 2-32　二极管的结构

电阻、电容、电感等元器件进行合理的连接，构成不同功能的电路，可以实现对交流电整流、对调制信号检波、限幅和钳位，以及对电源电压的稳压等多种功能。

采用不同的掺杂工艺，将 P 型半导体与 N 型半导体制作在同一块半导体基片上（通常是硅或锗），P 型半导体中的正电荷向 N 型半导体中扩散，N 型半导体中的电子向 P 型半导体中扩散，于是在它们的交界面就形成空间电荷区，称为 PN 结。PN 结具有单向导电性。从含有 PN 结的 P 型半导体和 N 型半导体两端各引出一个电极并封装起来就制作出了二极管。与 P 型半导体连接的电极为正极，用"+"和"A"表示。与 N 型半导体连接的电极称为负极，用"−"和"K"表示。

2.5.2 二极管的分类

1. 根据材料分类

按照所用的半导体材料的不同，可将二极管分为锗二极管（Ge 管）和硅二极管（Si 管）。

2. 根据用途分类

根据其用途的不同，可将二极管分为整流二极管、检波二极管、开关二极管、稳压二极管、隔离二极管、变容二极管、瞬态电压抑制二极管、发光二极管、肖特基二极管、硅功率开关二极管、旋转二极管等。

（1）整流二极管　将交流电源整流成为直流电流的二极管，称为整流二极管。

（2）检波二极管　把叠加在高频载波上的低频信号筛选出来的器件，称为检波二极管。它具有较高的检波效率和良好的频率特性。

（3）开关二极管　在脉冲数字电路中，用于接通和断开电路的二极管，称为开关二极管。它的特点是反向恢复时间短，能满足高频和超高频应用的需要。

（4）稳压二极管　由硅材料制成的面结合型晶体二极管。它是利用 PN 结反向击穿时的电压基本上不随电流的变化而变化的特点，来达到稳压的目的。因为它能在电路中起稳压作用，故称为稳压二极管（简称稳压管）。

（5）瞬态电压抑制二极管（TVS）　一种固态二极管，专门用于 ESD 保护。TVS 二极管与被保护电路并联，当瞬态电压超过电路的正常工作电压时，二极管发生击穿，为瞬态电流提供通路，使内部电路避免被超额电压击穿。

（6）发光二极管（LED）　采用磷化镓、磷砷化镓等半导体材料制成的，可以将电能直接转换为光能的器件。它具有体积小，正向驱动发光，工作电压低，工作电流小，发光均匀、寿命长、可发红、黄、绿单色光的特点。

（7）肖特基二极管（SBD）　在金属（例如铅）和半导体（N 型硅片）的接触面上，用已形成的肖特基来阻挡反向电压。肖特基与 PN 结的整流作用原理有根本性的差异，其耐压程度只有 40V 左右。其特点是开关速度非常快、反向恢复时间极短（可以小到几纳秒），因此，能制作开关二极管和低压大电流整流二极管。常用二极管如图 2-33 所示。

3. 根据管芯结构分类

按照管芯结构的不同，可将二极管分为点接触型二极管、面接触型二极管及平面型二极管。

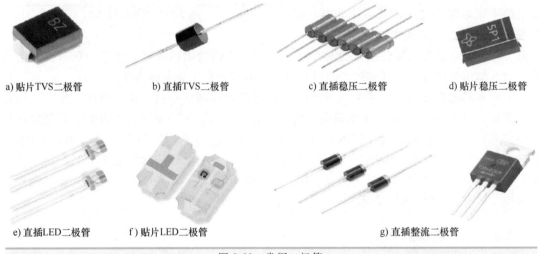

a) 贴片TVS二极管　　　b) 直插TVS二极管　　　c) 直插稳压二极管　　　d) 贴片稳压二极管

e) 直插LED二极管　　f) 贴片LED二极管　　　　　　g) 直插整流二极管

图 2-33　常用二极管

2.5.3　二极管的作用

1. 二极管的伏安特性曲线

二极管的伏安特性曲线描述了二极管两端的电压和流过二极管的电流的关系。

（1）正向特性　如果二极管的伏安特性曲线图是第一象限的曲线。起始阶段的正向电压较小，正向电流极小，称为死区，二极管电阻很大，处于截止状态。正向电压超过门坎电压或死区电压（硅管为 0.5V，锗管为 0.2V），电流随电压的上升急剧增大，二极管电阻应变很小，进入导通状态。二极管导通后，正向电流与正向电压呈非线性关系，正向电流变化较大时，二极管两端正向压降近于定值，硅管正向电压降约为 0.7V，锗管约为 0.3V。

（2）反向特性　如果二极管的伏安特性曲线图是第三象限曲线，如图 2-34 所示。起始阶段，反向电流很小，不随反向电压变化，称为反向饱和电流（锗管大于硅管的反向电流）。当反向电压增加到某一数值（反向击穿电压）时，反向电流急剧增大，称为反向击穿。

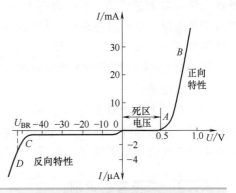

图 2-34　二极管的伏安特性曲线

2. 二极管的图形符号及作用

普通二极管符号的箭头指向表示流经二极管的电流方向。常用二极管在电路中的图形符号如图 2-35 所示。

1）整流二极管是电子电路中最常用的电子器件，它的主要作用是在电源变换电路中将交流电源变为直流，供工作电路使用。

2）检波二极管主要用来对高频信号进行检波，例如在收音机中用来将接收到的高频载频调制信号进行检波，从中检出语言或音乐信号。

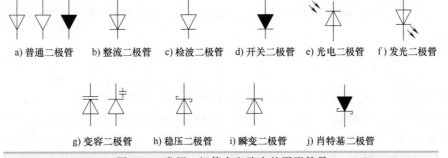

a) 普通二极管　b) 整流二极管　c) 检波二极管　d) 开关二极管　e) 光电二极管　f) 发光二极管

g) 变容二极管　h) 稳压二极管　i) 瞬变二极管　j) 肖特基二极管

图 2-35　常用二极管在电路中的图形符号

3）开关二极管主要用在数字电路中，用来组成门控电路或电子开关。

4）光电二极管在无光照时，有很小的饱和反向漏电流，即暗电流，此时光电二极管截止。当受到光照时，饱和反向漏电流大大增加，形成光电流，它随入射光强度的变化而变化，可以利用光照强弱来改变电路中的电流。

5）发光二极管用作照明或者各种指示灯。

6）如果加载在变容二极管上的电压变化，会引起它的电容量发生变化，常用作频率的电子调谐，如电调和数调收音机的电子调谐等。

7）当反向电压加到某一定值时，反向电流急增，产生反向击穿，此时有一个反向击穿电压及稳压管的稳定电压。稳压管的作用在于当电流的增量很大时，只引起很小的电压变化，也就说电压基本上是不变的。在电路中，稳压管通常是起到稳定直流电压的作用，使电路工作在合适的状态，并限定电路中的工作电流。在低于稳压管击穿电压时，稳压管和普通的二极管一样具有单向导电性，当反向电压达到稳压二极管的击穿电压时导通。稳压二极管主要作用是稳压，常用在稳压电源中，并在电路中总是反向连接，即稳压管的正极接电源的负极。

8）瞬变二极管（又称瞬态电压抑制二极管）是提供一个电流的额外通路。当电路中有感性元件（如电感线圈、继电器等）时，电流突变会感应出很大的电压，可能会击穿开关或者烧坏电路。此时通过瞬变二极管提供电流通路，就不会发生击穿现象。平时二极管工作在反偏状态下，几乎相当于开路。

9）双向触发二极管用于触发双向晶闸管，可构成过压保护等电路，用于过压保护、定时、移相等电路。

10）肖特基二极管最显著的特点是反向恢复时间极短，用于开关电源、变频器、驱动器等电路，作为高频、低压、大电流整流二极管，续流二极管，保护二极管使用或在微波通信等电路中作为整流二极管、小信号检波二极管使用。

2.5.4　二极管的识别

识别二极管通常需要查看其外观和标识，以下是一些常见的方法。

1）外观。二极管通常有两个引脚，其中一个引脚较短，另一个引脚较长。大多数二极管的外壳上会有标识，显示型号、生产厂家等信息。

2）标识。二极管上通常会印有其型号、批号、生产厂家的标志等信息，有些二极管还会标注正负极。可以通过这些标识来查询相关的规格书或数据表，以获取更多关于该二极管的技术参数和特性。

3）测量工具。使用万用表或二极管测试仪等工具可以简单测量二极管，以确定其工作状态。通过测量二极管的正向导通电压和反向漏电流等参数，可以初步判断二极管的类型和特性。

任务准备

为完成无人机二极管的检测与更换任务，需要分组准备材料和工具。

每组准备一些无引脚的二极管、有引脚的二极管、贴片二极管、直插式二极管。此外，还需要准备万用表、电烙铁、热风枪、镊子、海绵、焊锡、助焊剂以及飞控板等。

任务实施

1. 无人机飞控板上的检测二极管

使用数字式万用表可以检测发光二极管。检测整流二极管时，表笔的连接方式与检测电压时一样，将数字式万用表的转换开关置于二极管测试档位；用红表笔接二极管的正极，黑表笔接二极管的负极，这时会显示二极管的正向压降，如图 2-36 所示。肖特基二极管的压降是 0.2V 左右，普通硅整流管（1N4000、1N5400 系列等）的压降约为 0.7V，发光二极管的压降约为 1.8~2.3V。调换表笔连接方式，因为二极管的反向电阻很大，若显示屏显示"1."，则为正常，否则此二极管已被击穿。

2. 焊接飞控板上的二极管

二极管分高频二极管和低频二极管，其焊接方法如图 2-37 所示。

（1）无引脚的二极管

1）在焊盘上涂上适量的助焊剂。

2）给焊盘预上锡。

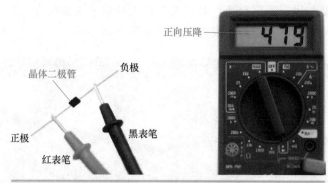

图 2-36 晶体二极管的检测

3）用镊子夹住二极管，定位后准备焊接，此时应检查二极性的极性是否正确。

4）用电烙铁完成焊接。

（2）有引脚的二极管

1）高频二极管用于高频滤波，其管芯面积小、不耐热，焊接时动作要快，以免烫坏二极管。

2）低频二极管主要用于整流电路，其管芯面积大、比较耐热，但焊接时间也不应过长，以免二极管因温度太高而使其性能变差。

需要注意的是，贴片元件的焊接一般都采用机械手焊接。当需要更换电路板上的某一个元件时，也可采用人工焊接的方式。但因为元件体积小，所以在操作时需要有较好的焊接技术和技巧，初学者不容易焊好，而且容易弄坏电路板。

图 2-37 电烙铁焊接二极管

3. 拆焊飞控板上的二极管

（1）电烙铁直接拆焊二极管　可用电烙铁直接加热无人机飞控板上引脚较少的二极管元件的引脚，采用左右交替的方式快速加热，待焊锡熔化后用镊子将二极管取下。

（2）使用吸锡器拆焊二极管　该方式是先利用电烙铁对二极管的引脚焊锡进行加热，再用吸锡器吸取焊锡。拆焊步骤如下。

1）右手以持笔式持电烙铁，使其与水平位置的电路板呈约 35°夹角。

2）左手以拳握式持吸锡器，拇指操控吸锡按钮，使吸锡器呈近垂直状态向左倾斜约 5°。

3）先调整好电烙铁温度，以 2s 内能顺利熔化焊锡为宜。

4）将烙铁头尖端置于焊点上，使焊点融化，移开电烙铁的同时，将吸锡器放在焊盘上按下吸锡按钮吸取焊锡。用镊子将二极管取下。

（3）使用热风枪拆焊表面贴片二极管　热风枪为点热源，对单个元器件的加热速度较快。将热风枪的温度与风速调至合适，对准无人机飞控板上表面贴片二极管进行加热，同时轻振印刷电路板，使表面贴片二极管脱离焊盘，如图 2-38 所示。

图 2-38　热风枪拆焊的表面贴片二极管

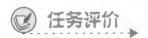 任务评价

对于二极管的检测与更换任务，请按照表 2-12 所列评价内容与标准进行任务评价。

表 2-12　二极管的检测与更换任务评价

评价模块	评价内容	得分
知识模块（30%）	复述二极管的基本结构与分类（10分）	
	复述二极管的作用（10分）	
	熟知无人机飞控板上二极管的检测方法（10分）	
能力模块（50%）	无人机二极管的准备工作有序，检测步骤正确（10分）	
	正确使用电烙铁焊接多旋翼无人机飞控板二极管（15分）	
	正确使用工具焊接二极管（15分）	
	正确使用吸锡器拆焊多旋翼无人机飞控板二极管（10分）	
素养模块（20%）	遵守安全操作规范（10分）	
	按流程要求实施任务（10分）	
总分		

任务 2.6　晶体管的检测与更换

任务目标

1. 知识目标

1）了解无人机常用晶体管的结构与分类。

2）掌握无人机常用晶体管的型号与作用。

3）了解无人机常用晶体管的检测方法。

4）掌握无人机常用晶体管的焊接与拆焊方法。

2. 能力目标

1）能从无人机飞控、电路板的电路图中识别晶体管的图形符号。

2）能够根据元器件的外观、颜色及其主要作用，结合故障现象初步排查晶体管的故障。

3）能够选取合适的检测工具与方法，熟练检测无人机设备中的晶体管。

4）能选取合适的维修工具，安全高效地更换晶体管。

3. 素养目标

1）通过严格操作要求，培养严谨细致的职业习惯。

2）通过团队合作，培养协作精神。

3）通过探索新的维修方法和技术，培养勇于创新的职业精神。

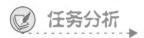

晶体管具有对电流信号的放大作用和开关控制作用，常用来放大信号和控制电流的通断。

本任务学习晶体管的结构、分类，晶体管的命名原则和工作原理、晶体管的功能以及引脚判断方法。在此基础上练习无人机飞控板上常用的晶体管的检测方法、晶体管的拆焊等操作方法。

2.6.1 晶体管结构与分类

1. 晶体管的结构

晶体管又称双极型晶体管、晶体三极管，是一种控制电流的半导体器件，用于将微弱信号放大成幅度值较大的电信号。晶体管是半导体基本器件之一，具有放大电流的作用，是电子电路的核心器件。晶体管是在一块半导体基片上制作两个相距很近的 PN 结，两个 PN 结把整块半导体分成三部分，中间部分是基区，两侧部分是发射区和集电区，排列方式有 PNP 和 NPN 两种。

1）基区：处于中间层，厚度很薄且载流子浓度低。

2）发射区：载流子浓度高，发射载流子。

3）集电区：面积较大，收集从发射区发射过来的载流子。

4）发射结：基区与发射区的 PN 结。

5）集电结：基区与集电区的 PN 结。

NPN 型晶体管是由两块 N 型半导体中间夹着一块 P 型半导体所组成，发射区与基区之间形成的 PN 结称为发射结，而集电区与基区形成的 PN 结称为集电结，三条引线分别称为发射极 E（emitter）、基极 B（base）和集电极 C（collector）。当 B 点电位高于 E 点电位零点几伏时，发射结处于正偏状态，而 C 点电位高于 B 点电位几伏时，集电结处于反偏状态，集电结处于反偏状态。NPN 型晶体管的结构与电路符号如图 2-39 所示。

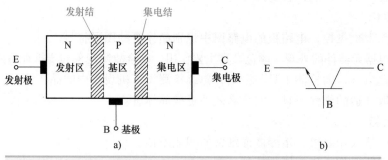

图 2-39 NPN 型晶体管的结构与电路符号

NPN 型晶体管发射区发射的是自由电子，其移动方向与电流方向相反，故发射极箭头方向朝外。发射极箭头指向也是 PN 结在正向电压下的导通方向。

PNP 型晶体管是由两块 P 型半导体中间夹着一块 N 型半导体所组成的晶体管。PNP 型晶体管与 NPN 晶体管不同的地方就是两者电流方向刚好相反，因此发射极上箭头方向也相反，PNP 型晶体管的发射极箭头方向朝内。PNP 型晶体管的结构与电路符号如图 2-40 所示。

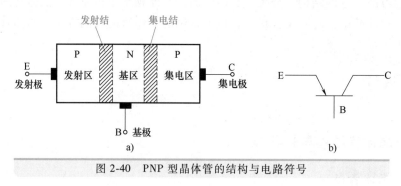

图 2-40 PNP 型晶体管的结构与电路符号

2. 晶体管的分类

1）按材质的不同，可将晶体管分为硅管和锗管。

2）按结构的不同，可将晶体管分为 NPN 型和 PNP 型。

3）按功能的不同，可将晶体管分为开关管、功率管、达林顿管、光敏管等。光敏晶体管是一种晶体管，它有三个电极，其中基极未引出。当光照强弱变化时，电极之间的电阻会随之变化。

4）按功率的不同，可将晶体管分为小功率管、中功率管、大功率管。

5）按工作频率的不同，可将晶体管分为低频管、高频管、超频管。

6）按结构工艺的不同，可将晶体管分为合金管和平面管。

7）按安装方式的不同，可将晶体管分为插件晶体管和贴片晶体管。常用的晶体管如图 2-41 所示。

2.6.2 晶体管命名原则

晶体管的命名由以下几部分组成：第一部分用阿拉伯数字表示器件电极数；第二部分用

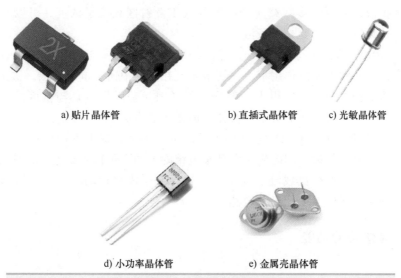

a) 贴片晶体管　　　　b) 直插式晶体管　　　c) 光敏晶体管

d) 小功率晶体管　　　　e) 金属壳晶体管

图 2-41　常用晶体管

字母表示器件的材料和极性；第三部分用汉语拼音字母表示器件类型；第四部分用数字表示器件序号；第五部分用汉语拼音字母表示规格，如图 2-42 所示。在功能标志中，U 代表光电器件，K 代表开关器，X 代表低频小功率管，G 代表高频小功率管，D 代表低频大功率管，A 代表高频大功率管等。3DJ 为场效晶体管，BT 为半导体特殊元件。

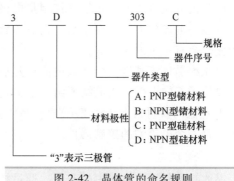

图 2-42　晶体管的命名规则

2.6.3　晶体管的工作原理

晶体管是一种电流放大器件，但在实际使用中常常通过电阻将晶体管的电流放大作用转变为电压放大作用，其电流放大原理如图 2-43 所示。

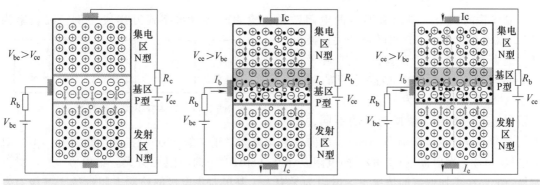

图 2-43　晶体管的电流放大原理

（1）发射区向基区发射电子　电源经过电阻加在发射结上，发射结正偏，发射区的多数载流子（自由电子）不断地越过发射结进入基区，形成发射极电流。同时基区多数载流子也向发射区扩散，但由于多数载流子浓度远低于发射区载流子浓度，可以不考虑这个电流，因此可以认为发射结主要是电子流。

（2）基区中电子的扩散与复合　电子进入基区后，先在靠近发射结的附近密集，渐渐形成电子浓度差，在浓度差的作用下，促使电子流在基区中向集电结扩散，被集电结电场拉入集电区形成集电极电流，也有很小一部分电子（因为基区很薄）与基区的空穴复合。扩散的电子流与复合电子流之比例决定了晶体管的放大能力。

（3）集电区收集电子　由于集电结外加反向电压很大，这个反向电压产生的电场力将阻止集电区电子向基区扩散，同时将扩散到集电结附近的电子拉入集电区，从而形成集电极主电流。另外，集电区的少数载流子（空穴）也会产生漂移运动，流向基区形成反向饱和电流，其数值很小，但对温度却异常敏感。

2.6.4　晶体管的功能

1. 放大功能

小电流微量变化，在大电流上放大表现出来。晶体管具有电流放大作用，其实质是晶体管能以基极电流微小的变化量来控制集电极电流较大的变化量。这是晶体管最基本的和最重要的特性。电流放大倍数对于某一只晶体管来说是一个定值，但随着晶体管工作时基极电流的变化也会有一定的改变。

要先给晶体管基极一个基极电流，然后三个电极之间要构成一定的偏压条件，也就是发射结要给予正向电压、集电结要给予反向电压之后，对于 NPN 型晶体管来说才会有电流从集电极 C 流向发射极 E（对于 PNP 型晶体管，电流是从发射极 E 流向集电极 C），由此可知晶体管是一个电流型的控制器件。

2. 开关功能

晶体管通常用作电路中的开关，通过控制其基极电压可以实现对晶体管的导通和截至状态进行控制。在晶体管作为开关时，主要涉及饱和与截至两个工作状态。一般通过控制晶体管的基极电压来控制其导通与断开。

2.6.5　晶体管引脚的判断

晶体管的三个引脚都有明显的电阻数据，检测时（以数字式万用表为例，红表笔为"+"，黑表笔为"-"）将转换开关切换至蜂鸣通断档，晶体管引脚的排列顺序如图 2-44 所示。正常 NPN 型晶体管的基极（B）对集电极（C）、发射极（E）的正向电阻是 $430 \sim 680\Omega$（根据型号的不同，放

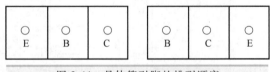

图 2-44　晶体管引脚的排列顺序

大倍数的差异，这个值有所不同），反向电阻无穷大。正常的 PNP 型晶体管的基极（B）对集电极（C）、发射极（E）的反向电阻是 $430 \sim 680\Omega$，正向电阻无穷大。集电极（C）对发射极（E）在不加偏流的情况下，电阻为无穷大。基极对集电极的检测电阻约等于基极对发射极的检测电阻。通常情况下，晶体管基极-集电极和基极-发射集之间都存在一个 PN 结。这两个 PN 结的特征相似，因此它们的测试电阻也应该接近。一般情况下，基极对集电极的测试电阻略小于基极对发射极的测试电阻（具体受制造工艺和材料的影响），如果测试电阻

超出一定范围（5～100Ω），表明器件已损坏。

先假设晶体管的某极为"基极"，将黑表笔接在假设的基极上，红表笔依次接其余电极，若两次测得电阻阻值都大或者都小。对换表笔重复上述检测，若测得两个阻值相反（都很小或都很大），则可确定假设的基极是正确的。否则另假设一极为"基极"，重复上述操作确定基极。基极确定后，用黑表笔接基极，红表笔接其他两极，若测得电阻阻值都很小，则该晶体管为 NPN 型晶体管，反之为 PNP 型晶体管。

判断集电极（C）和发射极（E），以 NPN 型晶体管为例，把黑表笔接至假设的集电极（C），红表笔接到假设的发射极（E），并用手捏住 B 和 C 极，读出表头所示 C、E 极电阻阻值，然后将红、黑表笔反接重测。若第一次测得的电阻阻值比第二次小，则说明原假设成立。

📖 任务准备

为完成无人机晶体管的检测与更换任务，需要分组准备材料和工具。

每组准备一些 NPN 型晶体管、PNP 型晶体管。此外，还需要准备万用表、电烙铁、热风枪、镊子、海绵、焊锡、助焊剂、飞控板以及飞控电路图等。

⚙ 任务实施

1. 识别无人机飞控板中的晶体管

从图 2-45 所示飞控电路图中找出晶体管的位置并圈画出来，并说明是 NPN 型还是 PNP 型？

2. 检测晶体管

1）设置万用表。将数字式万用表的转换开关调至电压档，并选择适当的电压量程。一般选择直流电压测试区域。

检测晶体管

2）识别引脚。确定晶体管的引脚布局，通常从左至右分别为发射极、基极和集电极。

3）测试基极。将黑表笔连接到基极，即晶体管的基极引脚。依次用红表笔接触发射极和集电极，记录每次的电压读数。正常情况下，从基极到发射极和从基极到集电极的电压读数应该为 0.6～0.7V。那么集电极和发射极如何判断呢？

数字式万用表不能像指针式万用表那样利用指针摆幅来判断，但可以利用"hFE"档来判断：先将转换开关调置"hFE"档，可以看到档位旁有一排小插孔。前面已经判断出管型，将基极插入对应管型"B"孔，将其余两引脚分别插入"C"和"E"孔，此时可以读取数值，即 B 值；再固定基极，将其余两引脚对调；比较两次读数，读数较大的引脚位置与表面"C"，"E"相对应，如图 2-46 所示。

3. 拆焊飞控板晶体管

（1）电烙铁直接拆焊晶体管　引脚比较少的晶体管，可用电烙铁直接加热其引脚焊锡，待焊锡熔化后用镊子将晶体管取下。

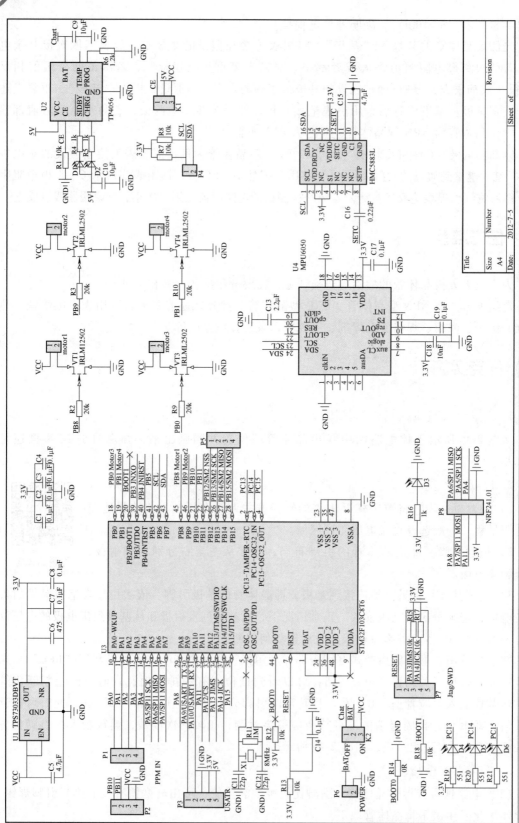

图 2-45 无人机飞控电路图

图 2-46　万用表检测晶体管

（2）使用吸锡器拆焊晶体管　该方式是先利用电烙铁加热引脚焊锡，再用吸锡器吸取焊锡。拆焊步骤同二极管，此处不赘述。

（3）使用热风枪拆焊晶体管　拆焊步骤同二极管，此处不赘述。

多引脚插件焊接

飞控晶体振荡器二极管、晶体管、气压计焊接

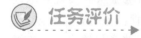 **任务评价**

对于晶体管的检测与更换任务，请按照表 2-13 的评价内容与标准进行任务评价。

表 2-13　晶体管的检测与更换任务评价

评价模块	评价内容	得分
知识模块 （30%）	复述晶体管的基本结构和分类（10 分）	
	复述晶体管的命名原则和工作原理（10 分）	
	熟知晶体管的功能以及引脚判断方法（10 分）	
能力模块 （50%）	正确识别无人机飞控电路板中的晶体管（10 分）	
	正确使用工具检测晶体管（15 分）	
	正确使用电烙铁焊接多旋翼无人机飞控板上的晶体管（15 分）	
	正确使用电烙铁拆焊多旋翼无人机飞控板上的晶体管（10 分）	
素养模块 （20%）	遵守安全操作规范（10 分）	
	按流程要求实施任务（10 分）	
总分		

任务 2.7　场效应晶体管的检测与更换

 **任务目标**

1. 知识目标

1）了解无人机常用场效应晶体管的结构与类型。

2）掌握无人机常用场效应晶体管的型号与作用。

3）了解无人机常用场效应晶体管的检测步骤与方法。

4）掌握无人机常用场效应晶体管的焊接与拆焊方法。

2. 能力目标

1）能从无人机飞控、电路板的电路图中识别场效应晶体管的图形符号。

2）能够根据元器件的外观、颜色及其主要作用，结合故障现象初步排查场效应晶体管的故障。

3）能够选取合适的检测工具与方法，熟练检测无人机设备中场效应晶体管。

4）能选取合适的维修工具，安全高效地更换场效应晶体管。

3. 素养目标

1）通过规范操作，培养认真负责、科学严谨的工作态度和精益求精职业精神。

2）通过解决维修过程中遇到的问题，养成耐心细致、不怕麻烦的工作精神。

任务分析

场效应晶体管是电压控制器件，它通过栅源电压来控制漏极电流。在无人机电路板中应用比较多，例如无刷电子调速器是通过单片机控制 MOS 管，调节输出电压从而实现对电动机的调速。在驱动电动机运转时，电子调速器内共有三组场效应晶体管，每组有两个电极，一个控制正极输出，一个控制负极输出。当正极输出时，负极不输出；当负极输出时，正极不输出，以此形成交流电。

本任务学习场效应晶体管的结构、工作原理、类型和检测方法等。在此基础上，练习无人机电子调速器主板电路图上场效应晶体管的识别，并完成飞控板上场效应晶体管的拆焊等操作。

知识储备

2.7.1 场效应晶体管的结构

场效应晶体管（图 2-47）简称场效应管，是一种利用电场效应来控制电流大小的半导体器件，它是利用控制输入回路的电场效应来控制输出回路电流的一种半导体器件。场效应晶体管具有输入电阻大（$10^7 \sim 10^{15}\Omega$）、噪声小、功耗低、动态范围大、易于集成、没有二次击穿现象、安全工作区域宽等优点。

在一块掺杂浓度较低的 P 型硅衬底上，用半导体光刻、扩散工艺制作两个高掺杂浓度的 N^+ 区，并用金属铝引出两个电极，分别作为漏极 D 和源极 S。然后在漏极和源极之间的 P 型半导体表面覆盖一

图 2-47 场效应晶体管

层很薄的二氧化硅（SiO_2）绝缘层膜，在绝缘层膜上装上一个铝电极，作为栅极 G。这就构成了 N 沟道（NPN 型）增强型 MOS 管，其结构如图 2-48 所示。同样使用上述方法在一块掺杂浓度较低的 N 型半导体硅衬底上，用半导体光刻、扩散工艺制作两个高掺杂浓度的 P^+ 区及上述相同的栅极制作过程，就制成为一个 P 沟道（PNP 型）增强型 MOS 管。

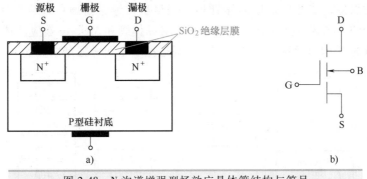

图 2-48　N 沟道增强型场效应晶体管结构与符号

2.7.2　场效应晶体管的工作原理

增强型 MOS 管的漏极 D 和源极 S 之间有两个背靠背的 PN 结。当栅—源电压 VGS＝0 时，即使加上漏—源电压 VDS，总有一个 PN 结处于反偏状态，因为漏—源极间没有导电沟道（没有电流流过），所以这时漏极电流 ID＝0。此时，若在栅—源极间加上正向电压，即 VGS>0，则栅极和硅衬底之间的 SiO_2 绝缘层中便产生一个栅极指向 P 型硅衬底的电场。由于氧化物层是绝缘的，栅极所加电压 VGS 无法形成电流，但在氧化物层两边形成一个电容，VGS 等效充电并形成电场。随着 VGS 逐渐升高，受栅极正电压的吸引，在这个电容的另一边就聚集大量的电子并形成了一个从漏极到源极的 N 型导电沟道。当 VGS 大于管子的开启电压 VT（一般约为 2V）时，N 沟道管开始导通，形成漏极电流 ID。一般把开始形成沟道时栅—源极电压称为开启电压，一般用 VT 表示。

控制栅极电压 VGS 的大小可改变了电场的强弱，就可以达到控制漏极电流 ID 的大小的目的，这也是 MOS 管用电场来控制电流的一个重要特点，因此称之为场效应晶体管。

图 2-49 所示为电子调速器中的 MOS 管，两排 MOS 管一共 12 颗，两两并联，组成三对桥，MOS 的型号为 AP85U03GH，最大漏极电流 75A，并联起来有 150A，最下面加了铜条以增加电流强度。

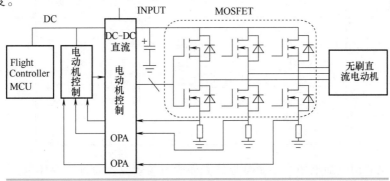

图 2-49　电子调速器中的 MOS 管

2.7.3 场效应晶体管的类型

一般将场效应晶体管分为结型场效应管（JFET）和绝缘栅型场效应管（MOS 管）两大类。按沟道材料和绝缘栅型的不同，可分为 N 沟道和 P 沟道两种；按导电方式的不同，可分为耗尽型与增强型，结型场效应晶体管均为耗尽型，绝缘栅型场效应晶体管既有耗尽型的，又有增强型的。场效应晶体管可分为结场效应晶体管和 MOS 场效应晶体管，而 MOS 场效应晶体管又分为 N 沟道耗尽型和增强型，P 沟道耗尽型和增强型四大类，如图 2-50 所示。

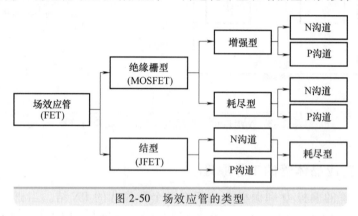

图 2-50　场效应管的类型

1. MOSFET 与 JFET 的主要区别

JFET 是利用外加电场来控制半导体内的电场效应。通过改变 PN 结耗尽层的宽度，改变导电沟道的宽窄来控制输出电流，MOSFET 与 JFET 的区别见表 2-14。

表 2-14　MOSFET 与 JFET 的区别

类型	N 沟 MOSFET		P 沟 MOSFET	
	耗尽型	增强型	耗尽型	增强型
衬底	P 型		N 型	
S、D 区	N^+ 区		P^+ 区	
沟道载流子	电子		空穴	
V_{DS}	>0		<0	
I_{DS} 方向	由 D→S		由 S→D	
阈值电压	VT<0	VT>0	VT>0	VT<0
电路符号	![symbol]	![symbol]	![symbol]	![symbol]

MOSFET 是利用外加电场来控制半导体表面的电场效应。通过改变导电沟道的宽窄来控制输出电流。

2. 耗尽型与增强型的主要区别

（1）耗尽型　场效应晶体管没有外加栅极电压时，已存在导电沟道。

（2）增强型　场效应晶体管在外加栅极电压超过一定时，才有导电沟道。

2.7.4　场效应晶体管的检测

1. 检测 MOS 管的连续性

打开数字式万用表并选择"连续性"模式，将检测引线连接到 MOS 管端子，保持连接几秒钟，如图 2-51 所示。如果万用表蜂鸣器报警，则 MOS 管处于损坏状态。将检测引线连接到 MOS 管端子。保持检测引线连接几秒钟，如果万用表蜂鸣器不报警，则 MOS 管状态良好。

图 2-51　MOS 管检测连线

2. MOS 管的检测步骤

1）设置万用表。将数字式万用表的转换开关调至二极管测试区域（一般为 diode testing 或者以符号显示二极管）。

2）识别引脚。确定 MOS 管的引脚布局，通常包括栅极（G）、漏极（D）和源极（S）。

3）测试栅极与漏极。将红表笔连接到栅极，黑表笔连接到漏极。此时，应该不会有电流流过，因为在正常情况下，MOS 管的栅极与漏极之间应该有一个绝缘层。

4）测试栅极与源极。将红表笔连接到栅极，黑表笔连接到源极，此时也应该不会有电流流过。

5）测试漏极与源极。将红表笔连接到漏极，黑表笔连接到源极。在关闭状态下，应该没有电流流过。

6）测试漏极与源极（导通状态）。如果 MOS 管处于导通状态，可以通过在栅极与源极之间施加适当的电压来触发导通。在导通状态下，从漏极到源极应该有电流流过。

2.7.5　场效应晶体管与晶体管

场效应晶体管与晶体管既有区别又有联系。场效应晶体管的结构与晶体管相似，其开关功能和放大作用与晶体管相同。与晶体管相比，场效应晶体管有如下优点。

1）晶体管是电流驱动型芯片，场效应晶体管是电压驱动型芯片。

2）场效应晶体管用于大功率电路，而晶体管比较耗电，一般多用于小信号放大电路。

任务准备

为完成无人机场效应晶体管的检测与更换任务，需要分组准备材料和工具。

每组准备一些 P 沟道（PNP 型）增强型 MOS 管、N 沟道（NPN 型）增强型 MOS 管。此外，还需要准备万用表、电烙铁、热风枪、镊子、海绵、焊锡、助焊剂、飞控板以及电子调速器（简称电调）电路图等。

任务实施

1. 识别场效应晶体管

图 2-52 所示开源电子调速器电路图，请在图中找出 MOS 管并圈画出来，指出是 N 沟道还是 P 沟道。

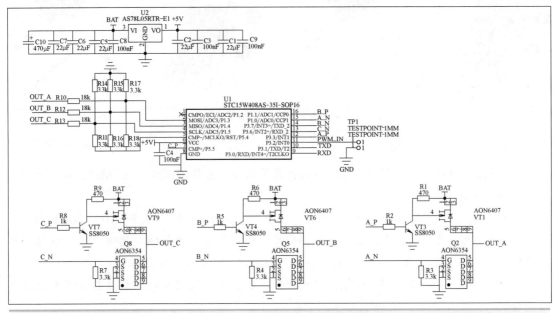

图 2-52 某开源电子调速器电路图

2. 更换无人机飞控板场效应晶体管

（1）拆焊 MOS 管

1）把热风枪调到 320℃，风速为 1 档。MOS 管属于小型玻璃管，容易夹裂，因此撬动时轻用力，同时注意不能触碰周围的元器件。避开带胶的芯片。

MOS 管、电容的拆焊

2）将刀片放在 MOS 管下，用手指轻撬，用热风枪吹 5s 左右，待焊锡熔化时，MOS 管会自然脱落。

3）MOS 管属于带胶芯片。撬下来时需要对主板进行除胶。除胶时要注意不能太用力，否则易损坏主板。除胶时用镊子尖或者用斜口刀轻轻刮除余胶。

4）放少量焊油，并用电烙铁在焊盘上涂均匀后，用洗板水把焊盘清洗干净。

5）小芯片用电烙铁尖刮除小芯片的余胶。

6）用纸巾把刮锡刀上多余的焊油吸干，把植锡网清洗干净，将 MOS 管铺在一张纸巾上，用植锡网对准后往上面涂锡膏，涂抹均匀干净后，用无尘布来回擦拭。把热风枪调到 280℃，关闭风速，将热风枪的喷嘴由远及近慢慢地在植锡网上移动。用镊子在焊锡处轻轻从下向上推，可放少量焊油，帮助顺利取下 MOS 管。

图 2-53　无人机主板

（2）焊接 MOS 管

1）安装新 MOS 管时，注意其引脚的位置。在 MOS 管的背面都有一个小点，称为第一引脚。在拆下时是需要看方向，在图样或者位号图里面查找方向。

2）把焊盘放少量焊油，焊油太多会移位，把 MOS 管用镊子夹到需要焊接的主板上，方向摆好，风枪温度同样是 320℃，风速为 1 档，对准 MOS 管吹焊时间在 15s，待焊锡熔化后用镊子轻轻触碰 MOS 管，若其能自动复位就说明已经焊好。待主板冷后，用洗板水把主板清洗干净。效果如图 2-53 所示。

任务评价

对于场效应晶体管的检测与更换任务，请按照表 2-15 所列评价内容与标准进行任务评价。

表 2-15　场效应晶体管的检测与更换任务评价

评价模块	评价内容	得分
知识模块（30%）	复述场效应晶体管的基本结构与分类（10分）	
	复述场效应晶体管的工作原理（10分）	
	熟知场效应晶体管与晶体管的区别（10分）	
能力模块（50%）	正确识别开源电子调速器电路图中场效应晶体管的符号（10分）	
	正确检测场效应晶体管（15分）	
	使用电烙铁焊接多旋翼无人机飞控板上的场效应晶体管（15分）	
	使用电烙铁拆焊多旋翼无人机飞控板上的场效应晶体管（10分）	
素养模块（20%）	遵守安全操作规范（10分）	
	按流程要求实施任务（10分）	
总分		

项目3

无人机传感器的检测与安装

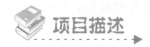

项目描述

传感器是一种检测装置，它能感受到被检测的信息，并能将信息按一定规律转换成为电信号或其他所需形式的信息进行输出，以满足信息的传输、处理、存储、显示、记录和控制等需求。它是实现自动检测和自动控制的首要环节。传感器技术在无人机相关技术的发展中起到了非常重要的作用。无人机设备上常用的传感器有气压传感器、电子罗盘、三轴加速度计、陀螺仪等。

本项目以无人机主要组成部分的检测与安装为主线，设置了无人机气压传感器检测与安装、无人机电子罗盘的检测与安装、无人机三轴加速度计的安装、无人机数字陀螺仪的安装。

任务 3.1   无人机气压传感器的检测与安装

任务目标

1. 知识目标

1）了解无人机常用气压传感器的工作原理与类型。

2）掌握无人机常用气压传感器的型号与作用。

3）了解无人机常用气压传感器的主要参数。

2. 能力目标

1）能从无人机飞控板的电路图中识别气压传感器的图形符号。

2）能够根据气压传感器的外观、颜色及其主要作用，结合故障现象初步排查或锁定故障点。

3）能正确选取合适的维修工具，安全高效地安装气压传感器。

3. 素养目标

1）通过完成该任务，意识到只有对工作充满热情和责任心，才能够取得好的结果，激励我们在今后的职业生涯中发扬认其专注、精益求精的工匠精神。

2）培养热爱科学、追求卓越的职业精神。

3）强调严格按照流程要求规范操作，确保结果的准确性和可靠性，培养爱岗敬业的职业品格。

任务分析

气压传感器是利用大气压力测量高度。气压传感器能检测地球的大气压力，根据压力计算出相应高度，借助气压计所提供的数据能协助无人机上升到所需高度。民用微小型无人机中常用气压传感器的芯片主要有 MS5611 和 BMP085 等型号。

本任务介绍了气压传感器的工作原理、无人机常用气压传感器的类型、MS5611 型气压传感器的主要参数、MS5611型气压传感器的电路图、BMP085型气压传感器封装外形与引脚排列等，要求掌握BMP085型气压传感器的焊接方法。

3.1.1 气压传感器的工作原理

气压传感器也称气压计，是用于测量气体的绝对压强的仪器。在无人机领域中，利用气压计来测量无人机在空中飞行时的高度，因此也称其为高度计。海拔每升高12m，水银柱下降约1mm。气压计测量高度的原理是根据海拔零点与当前海拔高度的气压关系来测量的：用实际测量的大气压强P和标准大气压强P_0来计算当地海拔高度（例如，当地大气压强为1013.25hPa）。不考虑温度的影响，可以用下面的公式计算海拔高度。

$$h = 44330 \times \left(1 - \left(\frac{P}{P_0}\right)^{\frac{1}{5.255}}\right) \tag{3-1}$$

式中，h为海拔高度（m）；P为实际测量的大气压强（hPa）；P_0为标准大气压强，一般取1013.25hPa。

大气压强每改变1hPa（1hPa = 0.1kPa），海拔高度增加8.43m。

3.1.2 气压传感器芯片主要作用

民用微小型无人机中常用的气压传感器芯片主要有MS5611和BMP085两种型号。气压传感器芯片主要有以下作用。

1）测量海拔高度。通过测量大气压力的变化，气压传感器芯片可以计算出无人机相对于海平面的高度，从而帮助导航系统确定飞行器的垂直位置。

2）测量飞行高度。气压传感器芯片可以用来监测飞行器相对于起飞点的高度变化，这对于飞行控制和避障等功能至关重要。

3）辅助导航。除了GPS等传感器外，气压传感器芯片还可以提供额外的高度数据，用于改善导航系统的准确性和稳定性。

气压传感器芯片在微小型无人机中扮演着重要的角色，帮助无人机实现高度控制、高度保持和安全飞行等功能。

3.1.3 MS5611型气压传感器

MS5611型气压传感器模块提供了一个精确的24bit数字压力值和温度值，以及不同的操作模式，可以提高转换速度并优化电流能耗。其具有高分辨率的温度输出，无须额外传感器就能具备高度计和温度计的功能。

MS5611型气压传感器只有5.0mm×3.0mm×1.0mm一种尺寸规格。按封装形式的不同，可将MS5611型气压传感器分MS5611-01BA03金属封装和MS5611-01BA01塑壳封装两种型号，如图3-1所示。

1. MS5611型气压传感器的主要参数

1）工作环境：温度为-40~85℃，大气压强为10~1200mbar（1mbar = 1hPa = 100Pa）。

2）精度：当温度为25℃、大气压强为750mbar时，精确度为−1.5～1.5mbar（1mbar＝1hPa）。

3）供电电源：1.8～3.6V。

4）通信接口：IIC/SPI（PS：1-IIC；PS：0- SPI）。

5）频率：高达20MHz，无须外部元件（内部振荡器）。

6）分辨率：可达10cm。

7）类型：绝压。

8）电气连接：表面贴装。

2. MS5611型气压传感器的电路图

在图3-2所示的MS5611型气压传感器的电路图中，用VCC代表电源正极，GND代表接地。气压传感器没有类似于电容、二极管等标准的图形符号，其在电路图中一般用矩形框加引脚的方式表示，用U（例如U3）或者用具体芯片型号表示，如图3-2所示。

图 3-1　MS5611型气压传感器

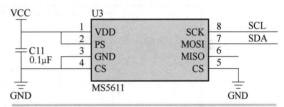

图 3-2　MS5611型气压传感器电路图

各引脚功能如下：

1号引脚VDD：电源电压；2号引脚PS：选择通信协议的，其中PS high（VDD）选择IIC，PS low（GND）选择SPI；3号引脚GND：接地；4、5号引脚CS：片选（低电平有效），内部连接；6号引脚MISO：串口数据输出；7号引脚MOSI/SDA：串口数据输入/IIC数据；8号引脚SCK/SCL：串口时钟。

3.1.4　BMP085型气压传感器

BMP085型气压传感器不仅可以测量实际大气压力，还能测量实时温度。BMP085型气压传感器是高精度、低功耗的气压传感器，在一些先进的移动设备中都有应用。它的尺寸很小，通过IIC接口能很好地与移动设备中的微控制器连接，不需要太多的操作便可读取气压值及测量数据的大小。

BMP085型气压传感器采用8脚陶瓷无引线芯片承载超薄封装，它性能卓越，有校准补偿功能，绝对精度最低可以达到0.03hPa（0.25m），并且耗电极低，只有3μA。可测量的气压范围为300～1100hPa即海拔高度范围为500～9000m。其封装外形和引脚排列如图3-3所示。

各引脚功能：1号引脚（GND）为接电源地；2号引脚（EOC）完成转换输出；3号引脚（VDDA）为电源正极；4号引脚（VDDD）为数字正电源；5号引脚为空；6号引脚（SCL）为时钟端；7号引脚（SDA）为数据端；8号引脚（XCLR）为主清除信号输入端，用来复位和初始化，不用时可空置。BMP085工作电压为1.8～3.6V。

BMP085型气压传感器的电路图如图3-4所示，BMP085包含有电阻式气压传感器元件、

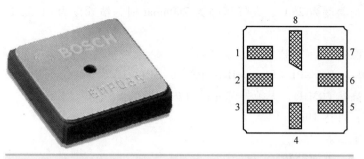

图 3-3　BMP085 型气压传感器封装外形与引脚排列

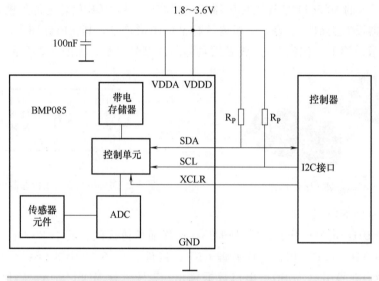

图 3-4　BMP085 型气压传感器电路图

AD 转换器和控制单元，其中控制单元包括了带电存储器。读取 BMP085 时会直接传送没有经过补偿的温度值和压力值。而带电存储器储存了 176bit 单独的校准数据，这些数据将对读取的温度值和压力值进行补偿。

任务准备

完成无人机气压传感器检测与安装任务，需要分组准备材料和工具。每组准备 BMP085 型气压传感器。此外，还需要准备热风枪、镊子、海绵、焊锡、助焊剂以及飞控板、BMP085 型气压传感器电路图、MS5611 型气压传感器电路图等。

任务实施

1. 检测 IIC 协议传感器波形

气压传感器、磁力计、姿态传感器都采用了 IIC 协议。IIC 总线共有四条线，分别是 VCC、GND、SDA 数据线和 SCL 时钟线。其中 VCC 线和 GND 线与数据通信无关。根据 SDA

和 SCL 这两条线的高低电平、上升沿、下降沿，实现飞控主机与 IIC 协议传感器的通信。因此，可以利用示波器检测 SDA 和 SCL 引脚波形。该方法对气压传感器、磁力计、姿态传感器等采用了 IIC 协议的传感器是通用的，如图 3-5 所示。

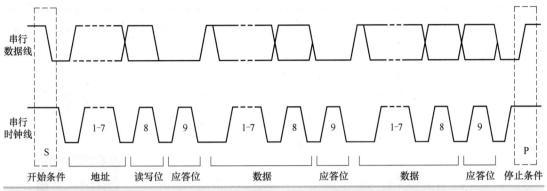

图 3-5　IIC 协议 SDA 与 SCL 的数据传输示意

用示波器检测 BMP085 型气压传感器的操作方法如下。

1）将示波器的两个探头（BNC 插头）连接到 CH1、CH2 通道（信号输入端），探头另一端的接地夹固定在飞控板的 GND、探头带挂钩的钩针分别钩在 BMP085 型气压传感器的 SDA 和 SCL 引脚上。

2）由于 IIC 协议规定 SCL 为高电平期间，SDA 下降沿为开始信号，因此将 CH1 端作为触发源，并在后续步骤中将其设置为下降沿触发。

3）按下示波器面板上的 MENU 按钮，在荧光屏的触发类型设置中选择"边沿"，表示边沿触发。

4）信源选择 CH1，表示将 CH1 作为信号源；斜率选择"下降"，表示下降沿触发；触发方式选择"正常（NORM）"。

5）MENU 按钮上方的旋钮可调节触发点，一般将最高电平和最低电平的中间值作为触发阈值。

6）按下右上方的 SINGLE 按钮，荧光屏上方中间位置会出现 Ready 字样，表示准备好获取波形了。完成以上设置后，只要 IIC 总线上有开始信号，示波器就会自动获取波形抓取到图 3-6 所示波形。

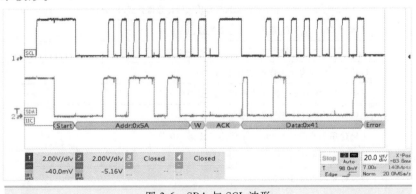

图 3-6　SDA 与 SCL 波形

2. 焊接 BMP085 型气压传感器

常用 BMP085 型气压传感器的焊接步骤见表 3-1。

表 3-1　焊接 BMP085 型气压传感器的步骤

操作步骤	操作说明	示意
1	给气压传感器的引脚上锡，电烙铁烙铁头的温度不宜超过 350℃，可以粘少许焊锡膏	
2	把气压传感器放到焊盘上，注意方向要正确，将气压传感器上的小点与对应飞控 PCB 板上的白点对齐	
3	用热风枪加热气压传感器的引脚，将温度控制在 350℃左右，要均匀加热，注意对右边排针的塑料外壳进行隔热，防止其融化。待焊锡融化后，用镊子轻轻拨动，气压传感器能自动找正位置	3V3 EOC XCLR SCL SDA VCC GND

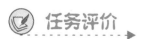

任务评价

对于无人机气压传感器的检测与安装任务，请按照表 3-2 所列评价内容与标准进行任务评价。

表 3-2　无人机气压传感器的检测与安装任务评价

评价模块	评价内容	得分
知识模块（30%）	复述气压传感器的工作原理和无人机常用气压传感器类型（10分）	
	了解 MS5611 型气压传感器的主要参数（10分）	
	识读 BMP085 型、MS5611 型气压传感器的电路图（10分）	
能力模块（50%）	传感器检测与焊接工作准备有序（10分）	
	正确识读 MS5611 型气压传感器电路图（15分）	
	正确焊接 BMP085 型气压传感器（15分）	
	正确使用示波器检测 IIC 协议传感器波形（10分）	
素养模块（20%）	遵守安全操作规范（10分）	
	按流程要求实施任务（10分）	
总分		

任务 3.2　无人机电子罗盘的检测与安装

任务目标

1. 知识目标

1）了解无人机常用电子罗盘的测向原理与类型。

2）掌握无人机常用电子罗盘的型号、作用与特点。

3）了解无人机常用电子罗盘的主要参数。

4）识读无人机常用电子罗盘的电路图。

2. 能力目标

1）能从无人机飞控板的电路图中识别电子罗盘的引脚。

2）能选取合适的维修工具，安全高效地安装和焊接电子罗盘。

3. 素养目标

1）通过安全有效地完成任务要求，培养自觉遵守规则、安全生产的良好习惯。

2）通过小组协作完成任务，培养诚实守信、无私奉献的优良品质和团结协作的职业素养。

3）通过严格质量要求，培养认真负责、科学严谨的工作态度和精益求精的工匠精神。

任务分析

电子罗盘主要用于辅助 GPS 导航及在静止状态获取航向，具体包括加速度和方向的定位、倾角测量等功能。电子罗盘作为无人机产品的重要组件，承担着为无人机引导绝对方位的功能，为无人机提供关键的惯性导航和方向定位系统信息。

本任务介绍了电子罗盘特点、电子罗盘测向原理、无人机上常用的 HMC5883L 型电子罗盘芯片的结构、引脚配置及特点等相关知识，要求掌握无人机常用电子罗盘的焊接方法及常见问题的解决方案。

知识储备

3.2.1　认识电子罗盘

电子罗盘又称数字罗盘，与传统指针式和平衡架结构罗盘相比，其具有能耗低、体积小、重量轻、精度高、可微型化等优点。电子罗盘的输出信号经过处理后可以实现数码显示，不仅可以用来指向，还可以直接送到自动舵来控制船舶等装备。目前广为使用的是三轴捷联磁阻式数字磁罗盘，这种罗盘具有抗摇动和抗振性、航向精度较高、对干扰磁场有电子补偿、可以集成到控制回路中进行数据链接等优点，因此广泛应用于航空、航天、机器人、航海、车辆自主导航等领域。

3.2.2 电子罗盘的测向原理

如图 3-7 所示，地球的磁感应强度为 $50\sim60\mu T$，相当于沿着地球中心插入一个磁棒，磁棒的两极相对于地理两极有大约 $11.5°$ 的夹角。地球磁场的水平分量永远指向磁北极，这一原理是所有罗盘的制作基础。所有罗盘都是测量地球磁场的北方向，其他方向即可推算出来。地球磁场的北方向和实际的北方向有差别，而这种差别的大小在地球上的不同地点也是不同的，因此必须知道罗盘所在的大致位置，才能计算出如何补偿地磁和真实北方向的差别，以显示出真实的北方向。

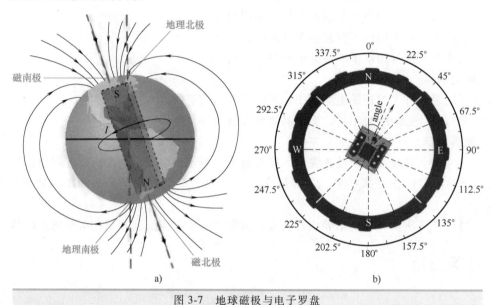

图 3-7 地球磁极与电子罗盘

假设电子罗盘处于水平面上，要确定其相对于磁北的航向角 α。由磁阻传感器可以直接得到地磁场的水平分量 H_x、H_y，因此相对于磁北的航向角 α 为

$$\alpha = \arctan\frac{H_x}{H_y} \tag{3-2}$$

正切函数的周期为 $180°$，为保证数据有效性，船体航向角 α 转换到相对磁北 $0°\sim360°$ 的范围内。可将式（3-2）进行分解，得到相对于磁北极的 $360°$ 范围内（沿顺时针方向）的航向角，加上当地的磁偏角就可以算出与真北的航向角。由于地磁南北极与地理南北极存在磁偏角，要得到准确的南北极方向，必须用计算结果加上或减去所在地区磁偏角，得出前进方向与地理北极的夹角，即真北方位角 A。当所在地区磁偏角 φ 已知时，真北方位角为

$$A = \alpha + \varphi。$$

3.2.3 无人机常用电子罗盘

无人机上常用的电子罗盘芯片有 HMC5883、HMC5883L、HMC6343 等型号，如图 3-8 所示。其主要作用是给无人机找方向，通俗讲具有指北针的作用。

HMC5883L 型是一款带数字接口的弱磁传感器芯片，主要应用于低成本罗盘和磁场检测

图 3-8　HMC5883L 型电子罗盘

领域，包括最先进的高分辨率 HMC118X 系列磁阻传感器，并附带霍尼韦尔（Honeywell）专利的集成电路（包括放大器、自动消磁转换器、偏差校准、能使罗盘精度控制在 1°~2°的 12bit 模数转换器），采用简易的 IIC 总线接口和霍尼韦尔各向异性磁阻（AMR）技术。图 3-9 所示为 HMC5883L 型电子罗盘使用的印制电路板，其引脚配置见表 3-3。

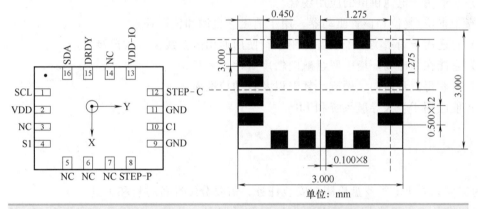

图 3-9　HMC5883L 型电子罗盘使用的印制电路板

表 3-3　HMC5883L 型电子罗盘引脚配置

引脚编号	引脚名称	描述	引脚编号	引脚名称	描述
1	SCL	串行时钟-IIC 总线主/从时钟	9	GND	电源接地
2	VDD	电源（2.16~3.6V）	10	C1	存储电容器（C_1）连接
3	NC	无连线	11	GND	电源接地
4	S1	连接 VDD_IO	12	STEP_C	S/R 电容器（C_2）连接驱动器
5	NC	无连线	13	VDD_IO	IO 电源供应（1.7V-VDD）
6	NC	无连线	14	NC	无连线
7	NC	无连线	15	DRDY	中断引脚，内部被拉高
8	STEP_P	置位/复位带正-S/R 电容（C_2）连接	16	SDA	串行数据—IIC 总线主/从数据

　　HMC5883L 型电子罗盘的电路如图 3-10 所示，其具有以下特点。

　　1）它是一款体积小的高集成产品，只需添加一个微处理器接口，外加两个外部 SMT 电

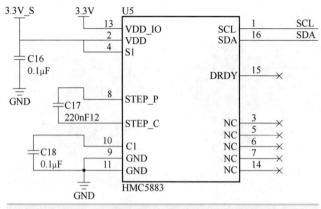

图 3-10　HMC5883L 型电子罗盘电路图

容，易于装配。

2）产品组装后能进行低成本功能性测试。

3）它适用于电池供电的应用场合。

4）带置位/复位和偏置驱动器，用于消磁、自测和偏移补偿。

5）它适用于消费类电子设备应用中，使用通用的双线串行数据接口。

6）它能在强磁场环境中罗盘航向精度可达 1°~2°。

7）可获得罗盘航向、硬磁、软磁以及自动校准库。

8）能应用于个人导航系统和 LBS。

任务准备

为完成无人机电子罗盘检测与安装任务，需要分组准备材料和工具。

每组准备无人机常用的 HMC5883L 型电子罗盘。此外，还需要准备万用表、热风枪、镊子、海绵、焊锡、助焊剂以及飞控 PCB 板、HMC5883L 型电子罗盘电路图等。

任务实施

1. 焊接电子罗盘

以图 3-11 所示的常用 HMC5883L 型电子罗盘为例，其焊接步骤如下。

1）焊接前，用万用表检测芯片上 GND 引脚和其他所有引脚，并记录电阻值。

2）给芯片焊盘和飞控 PCB 板焊盘镀锡。

3）将芯片放在飞控 PCB 板焊盘的正确位置上。

4）焊锡融化后的张力会将芯片拉回原位，用热风枪由远及近慢慢加热电子罗盘引脚。

5）焊锡融化后再吹 10s 左右，注意将热风枪温度调在 260°，风速不能太高，避免将芯片吹走。

6）焊接完成后，按照之前记录的测试电阻，只要大致一致，没有短路，说明焊接正确。

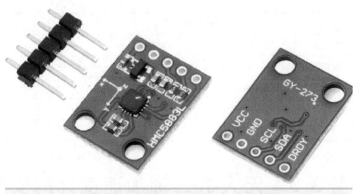

图 3-11　常用 HMC5883L 型电子罗盘

2. 电子罗盘常见问题及解决方案

以常见的 HMC5883L 型电子罗盘为例。

1）使用 HMC5883L 型电子罗盘能否不用加速度传感器便可计算出航向？

HMC5883L 电子罗盘模块是一种磁力计传感器，用于检测周围磁场的方向和强度，从而计算出水平方向上的航向角（磁北方向）。通常情况下，使用 HMC5883L 不需要加速度传感器就能计算出航向角。但必须保证传感器是水平的，即俯仰角与滚转角都为零。当传感器水平放置时，可以使用磁力计提供的 X 轴和 Y 轴的磁场数据来计算航向角。如果传感器存在倾斜，即俯仰角和横滚角不为零，就会导致在计算航向角时受到影响。

2）电子罗盘结合加速度传感器有何作用？

如果电子罗盘不是水平的，就需要加速度传感器来纠正由于倾斜引起的误差。HMC6343 型电子罗盘内置三轴加速度传感器，具备倾斜补偿的航向输出，封装在 9mm×9mm×1.9mm 的芯片中。

3）如何检测电子罗盘？

检测电子罗盘需要通过程序检测引脚输出值，可以通过设置 HMC5883L 型电子罗盘的寄存器以启动传感器自检功能，从而实现对传感器的检测。HMC5883L 型电子罗盘必须配合加速度计才能获取无人机飞控的姿态角。

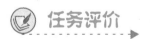

任务评价

对于无人机电子罗盘检测与安装任务，请按表 3-4 所列评价内容与标准进行任务评价。

表 3-4　无人机电子罗盘检测与安装任务评价

评价模块	评价内容	得分
知识模块 （30%）	复述电子罗盘的测向原理（10 分）	
	复述无人机上常用的 HMC5883L 型电子罗盘芯片的结构（10 分）	
	熟知 HMC5883L 型电子罗盘芯片的引脚配置（10 分）	
能力模块 （50%）	正确识读 HMC5883L 型电子罗盘的电路图（10 分）	
	正确焊接 HMC5883L 型电子罗盘（15 分）	

（续）

评价模块	评价内容	得分
能力模块 （50%）	熟知无人机电子罗盘常见问题的解决方案（15分）	
	能够正确焊接电子罗盘（10分）	
素养模块 （20%）	遵守安全操作规范（10分）	
	按流程要求实施任务（10分）	
总分		

任务3.3　无人机三轴加速度计的安装

 任务目标

1. 知识目标

1）了解无人机常用三轴加速度计的作用和特点。

2）了解无人机常用三轴加速度计的型号。

3）了解无人机常用三轴加速度计的主要参数。

4）识读无人机常用三轴加速度计的电路图。

2. 能力目标

1）能从无人机飞控板电路图中识别三轴加速度计的引脚。

2）能够选取合适的检测工具与方法，熟练检测三轴加速度计。

3）能选取恰当的维修工具，安全高效地安装和焊接三轴加速度计。

3. 素养目标

1）通过任务实施过程中对新方法和新技术的探索，培养学生自主创新意识。

2）通过任务实施过程中勇于发现问题，培养诚信、敬业、科学、严谨的工作态度和良好的职业道德。

3）通过规范操作流程，培养安全生产的良好习惯。

任务分析

三轴加速度计是用来提供无人机在空间坐标轴方向所承受的加速度。它能决定无人机在静止状态时的倾斜角度，也用来提供水平及垂直方向的线性加速，相关数据可作为计算速度、方向，甚至是无人机高度的变化率。三轴加速度计还可以用来监测无人机所承受的震动、测量俯仰角和横滚角。

本任务介绍了无人机三轴加速度计的特点、三轴加速度计的工作原理、无人机常用加速度计 ADXL345 型芯片的结构、引脚配置及其作用等相关知识，要求学会无人机常用三轴加速度计的安装要点及焊接方法。

3.3.1 认识三轴加速度计

加速度计又称加速度传感器，是测量物体加速度的仪器，如图 3-12 所示。三轴加速度传感器是基于加速度的基本原理去实现工作，具有体积小和重量轻的特点，它可以测量空间加速度，能够全面准确反映物体的运动性质，在航空航天、机器人等领域得到广泛的应用。

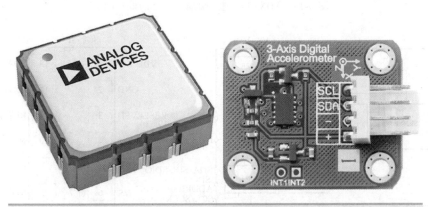

图 3-12　三轴加速度计

常见加速度计芯片有 ADXL345 型，它是一款小而薄的超低功耗三轴加速度计，分辨率高（13bit），测量范围达 −16 ~ 16g。其数字输出数据为 16bit 二进制补码格式，可通过 SPI（3 线或 4 线）或 IIC 接口访问。ADXL345 型三轴加速度计非常适合移动设备的应用，它可以在倾斜检测应用中测量静态重力加速度，还可以测量运动或冲击导致的动态加速度，其高分辨率（3.9mg/LSB）能够测量不到 1.0°的倾斜角度变化。

3.3.2 三轴加速度计的工作原理

三轴加速度计大多采用压阻式、压电式和电容式工作原理，产生的加速度正比于电阻、电压和电容的变化，通过相应的放大和滤波电路进行采集。这与普通的加速度计基于同样的原理，因此在一定的技术上三个单轴就可以变成一个三轴。

ADXL345 是一款高度集成的三轴数字加速度传感器，可选择的测量范围有 ±2g、±4g、±8g 或 ±16g。它既能测量运动或冲击导致的动态加速度，也能测量静止加速度。例如重力加速度，使得器件可作为倾斜传感器使用。ADXL345 利用了先进的 MEMS 技术，通过在硅晶圆上进行精密的表面微加工，形成了多晶硅弹簧悬挂结构。这些结构包括可移动的质量块和将其悬挂在晶圆表面的弹簧。当加速度作用于传感器时，由于惯性作用，质量块会相对于晶圆发生位移，这种位移通过微加工的弹簧产生恢复力。其电路图如图 3-13 所示，其功能框和引脚如图 3-14 所示，其引脚配置及说明见表 3-5。

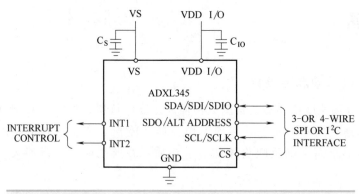

图 3-13 ADXL345 型三轴加速度计的电路图

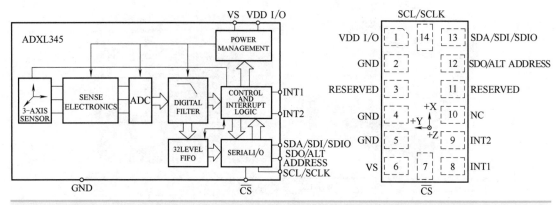

图 3-14 ADXL345 型三轴加速度计的功能框与引脚

表 3-5 ADXL345 型三轴加速度计的引脚配置

编号	引脚名称	描述	编号	引脚名称	描述
1	VDD I/O	数字接口电源电压	8	INT1	中断 1 输出
2	GND	该引脚必须接地	9	INT2	中断 1 输出
3	RESERVED	连接 VS 或保持断开	10	NC	内部不连接
4	GND	该引脚必须接地	11	RESERVED	必须接地或保持断开
5	GND	该引脚必须接地	12	SDO/ALT ADDRESS	串行数据输出（SPI4 线）/备用 PC 地址选择（IIC）
6	VS	电源电压	13	SDA/SDI/SDIO	串行数据/输入/输入输出
7	$\overline{CS}$	片选	14	SCL/SCLK	串行通信时钟

3.3.3 三轴加速度计的作用

1. 测量比力

三轴加速度计是一种惯性传感器，能够测量物体的比力即去掉重力后的整体加速度或者单位质量上作用的非引力。当加速度计保持静止时，加速度计能够感知重力加速度，而整体加速度为零。在自由落体运动中，整体加速度就是重力加速度，但加速度计内部处于失重状态，而此时三轴加速度计输出为零。

2. 测量角度

三轴加速度计也能够测量角度。在没有外力作用的情况下，加速度计能够精确地测量俯仰角和滚转角，且没有累积误差。MEMS 三轴加速度计是采用压阻式、压电式和电容式工作原理，产生的比力（压力或者位移）分别正比于电阻、电压和电容的变化。这些变化可以通过相应的放大和滤波电路进行采集。其缺点是受振动影响较大。

鉴于三轴加速度计测量角度的工作原理，无法测量偏航角，但可测量俯仰角和横滚角。

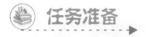
任务准备

为完成无人机三轴加速度计的安装任务，需要分组准备材料和工具。每组准备无人机常用的 ADXL345 型三轴加速度计。此外，还需要准备万用表、热风枪、镊子、海绵、焊锡、助焊剂以及飞控 PCB 板、ADXL345 型三轴加速度计的电路图等。

任务实施

1. 安装三轴加速度计

ADXL345 作为一款精密的三轴加速度计，在其安装和布局上需要特别注意，以确保其测量结果的准确性和可靠性。由于加速度计的性能可能会受到 PCB（印刷电路板）振动的影响，因此在设计和安装过程中考虑如何减少这种影响是非常重要的。以下是一些关键点。

1）选择安装位置。应将 ADXL345 安装在 PCB 板上结构较为坚固的位置，通常是接近 PCB 板的固定点或支撑点。这些区域的振动相对较小，能够减少对加速度计测量结果的干扰。

2）考虑 PCB 板的谐振特性。在无支撑或悬空的 PCB 区域，振动未受到有效抑制，容易产生较大的振动幅度。这种振动可能会被加速度计捕捉到，导致测量误差。应确保 PCB 上的任何振动频率高于加速度计机械传感器的共振频率。

3）PCB 板厚度的影响。选择较厚的 PCB 板可以增加板的整体刚性，从而降低系统共振频率，有助于减少共振对加速度计性能的影响，提高测量准确性。

4）综合设计考虑。在设计 PCB 布局时，除了考虑加速度计的安装位置外，还应综合考虑其他元件的放置、线路布局，确保整个系统的稳定性。

正确的安装和布局对确保 ADXL345 型加速度计的性能至关重要。通过采取适当的设计措施，可以有效减少 PCB 振动对加速度计测量结果的影响，从而提高整个系统的测量准确性和可靠性。错误放置的加速度计，如图 3-15 所示。

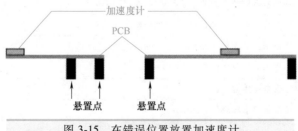

图 3-15　在错误位置放置加速度计

2. 焊接三轴加速度计

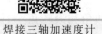

以 ADXL345 型三轴加速度计为例，其焊接方法如下。

1）给三轴加速度计快速上少量的焊锡。

2）使用镊子将三轴加速度计摆放好。

3）使用热风枪吹三轴加速度计的引脚，同时利用镊子摆正其位置。

焊接三轴加速度计

4）仔细查看三轴加速度计的安装是否牢固，可视实际情况确定是否需要补一些焊锡。焊接时，将电烙铁的温度设为 100~150℃，焊接时间为 60~120s，峰值温度在 240℃左右。焊接前后对比如图 3-16 所示。

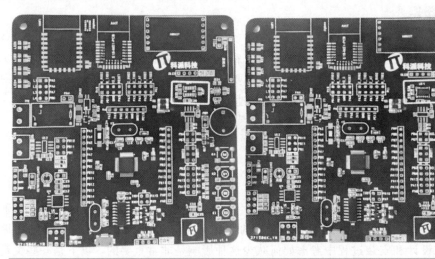

图 3-16　ADXL345 型三轴加速度计焊接前后效果

任务评价

对于无人机三轴加速度计的安装任务，请按照表 3-6 所列评价内容与标准进行任务评价。

表 3-6　无人机三轴加速度计的安装任务评价

评价模块	评价内容	得分
知识模块（30%）	复述无人机三轴加速度计的工作原理（10 分）	
	复述无人机上常用的加速度计 ADXL345 型芯片的结构（10 分）	
	熟知 ADXL345 型三轴加速度计引脚的配置及作用（10 分）	
能力模块（50%）	三轴加速度计的安装工作准备充分、有序（10 分）	
	正确安装无人机 ADXL345 型三轴加速度计（15 分）	
	正确使用工具焊接 ADXL345 型三轴加速度计（15 分）	
	能够正确使用热风枪等工具（10 分）	
素养模块（20%）	遵守安全操作规范（10 分）	
	能按流程要求实施任务（10 分）	
总分		

任务 3.4　无人机数字陀螺仪的安装

 任务目标

1. 知识目标

1）了解无人机常用姿态传感器的工作原理。

2）了解无人机常用陀螺仪的型号。

3）识读无人机常用数字陀螺仪芯片的电路图。

4）识读无人机常用姿态传感器模块的电路图。

2. 能力目标

1）能从无人机飞控板的电路图中识别姿态传感器的引脚。

2）能选取合适的维修工具，安全高效地安装和焊接数字陀螺仪。

3. 素养目标

1）通过严格实训质量要求，培养遵守操作规范的职业素质。

2）通过解决遇到的实际问题，培养探索未知、勇攀高峰的精神品质。

3）通过训练维修维护技能，培养博学善技，精益求精的工作作风。

任务分析

陀螺仪在无人机中的作用就是检测无人机角度变化量。当无人机机身发生倾斜时，陀螺仪会计算出偏移角度，并将数值传递给飞行控制器，从而使机身保持平稳，是实现无人机稳定飞行必不可少的传感器。

本任务介绍了陀螺仪的工作原理、陀螺仪的特性、无人机飞控常用的数字陀螺仪芯片，以及无人机上常用的 MPU-60X0 模块等相关知识。要求学会常用姿态传感器的安装与焊接方法。

知识储备

3.4.1　常用姿态传感器

陀螺仪是感受空间姿态的传感器，是一种用来感测与维持方向的装置，基于角动量不灭的理论设计出来的。陀螺仪主要是由一个位于中心轴可以旋转的轮子构成。陀螺仪最早用于航海导航，但随着科学技术的发展，它在航空和航天领域也得到广泛的应用。陀螺仪不仅可以作为指示仪表，还可以作为自动控制系统中的一个敏感元件即信号传感器。根据需要，陀螺仪能提供准确的方位、速度和加速度等信号，以便驾驶员或用自动导航仪来控制飞行器、舰船按一定的航线飞行。陀螺仪的应用相当广泛，它在现代国防建设和国民经济建设中均占据重要的地位。

利用陀螺仪的动力学特性制成的各种仪表或装置，主要有陀螺方向仪、陀螺罗盘、陀螺垂直仪、陀螺稳定器、速率陀螺仪、陀螺稳定平台、传感器、光纤陀螺仪、激光陀螺仪、硅微机电陀螺仪等。广泛使用的硅微机电陀螺仪可应用于航空、航天、航海、兵器、汽车、生物医学、环境监控等领域，并且硅微机电陀螺仪相比传统的陀螺具有以下明显的优势。

1）体积小、重量轻。适合于对安装空间和重量要求苛刻的场合，例如弹载测量等。

2）高可靠性。内部无转动部件、全部是固态装置，能抵抗大过载冲击，工作寿命长。

3）低成本、低功耗、大量程、易于数字化、智能化。

陀螺仪的主要部分是一个对旋转轴以极高角速度旋转的转子，转子装在支架内。在通过转子中心轴上加一个内环架，那么陀螺仪就可环绕平面两轴作自由运动，然后在内环架外加上一个外环架，陀螺仪就有两个平衡环，可以环绕平面三轴作自由运动，就是一个完整的陀螺仪，如图 3-17 所示。

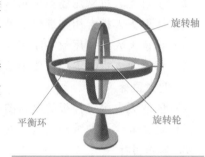

图 3-17　陀螺仪

3.4.2　陀螺仪的工作原理

陀螺仪一旦开始旋转，由于轮子的角动量存在，陀螺仪有抗拒方向改变的趋向。可通俗地理解为一个旋转物体的旋转轴所指的方向在不受外力影响时，是不会改变的。陀螺仪便是人们根据这个道理，用它来保持方向，制造出来的装置。在生活中有很多陀螺仪的例子，如骑自行车也是利用了该原理。自行车的轮子转得越快，自行车越不容易倒，因为车轴有一个保持水平的力。陀螺仪在工作时要给它一个力，使它快速旋转起来，一般能达到每分钟几十万转，可以工作很长时间。然后用多种方法读取轴所指示的方向，并自动将数据信号传给控制系统。

3.4.3　陀螺仪的特性

陀螺仪被广泛用于航空、航天和航海领域。这是由于它具有的两个基本特性：定轴性和进动性。两种特性都是建立在角动量守恒的原则下。

1. 定轴性

当陀螺转子高速旋转且没有任何外力矩作用在陀螺仪上时，陀螺仪的自转轴在惯性空间中的指向保持稳定不变，即指向一个固定的方向，同时反抗任何改变转子轴向的力量，这种物理现象称为陀螺仪的定轴性或稳定性。其稳定性随以下的物理量而改变：

1）转子的转动惯量越大，稳定性越好。

2）转子角速度越大，稳定性越好。

所谓的"转动惯量"，是描述刚体在转动中的惯性大小的物理量。当以相同的力矩分别作用于两个绕定轴转动的不同刚体时，它们所获得的角速度一般是不一样的，转动惯量大的刚体所获得的角速度小，也就是保持原有转动状态的惯性大。反之，转动惯量小的刚体所获得的角速度大，也就是保持原有转动状态的惯性小。

2. 进动性

当转子高速旋转时，若外力矩作用于外环轴，陀螺仪将绕内环轴转动；若外力矩作用于内环轴，陀螺仪将绕外环轴转动。其具有转动角速度方向与外力矩作用方向互相垂直的特性，称为陀螺仪的进动性。进动角速度的方向取决于动量矩 H 的方向（与转子自转角速度矢量的方向一致）和外力矩 M 的方向，而且是自转角速度矢量以最短的路径追赶外力矩，如图 3-18 所示。

进动方向可用右手定则判定，即伸直右手，大拇指与食指垂直，手指顺着自转轴的方向，手掌朝外力矩的正方向，然后手掌与四指弯曲握拳，则大拇指的方向就是进动角速度的方向。进动角速度的大小取决于转子动量矩 H 的大小和外力矩 M 的大小，其计算式为进动角速度 $\omega = M/H$。进动性的大小也有以下三个影响的因素。

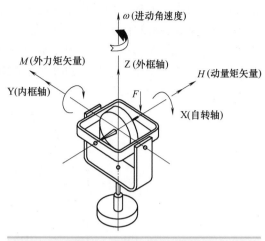

图 3-18　陀螺仪的进动方向

1）外界作用力越大，其进动角速度也越大。

2）转子的转动惯量越大，进动角速度越小。

3）转子的角速度越大，进动角速度越小。

3.4.4　常用数字陀螺仪芯片

无人机飞控板上使用的是数字陀螺仪芯片，主要 ITG-3200、ITG3205（图 3-19）、ITG6000 等型号。ITG-3200 型是全球首例单一芯片并以数字方式输出的三轴 MEMS 陀螺仪 IC，起初是专为游戏、3D 鼠标以及 3D 遥控应用而设计。

陀螺仪内部的质量块（或振子）被电压驱动，使其以特定频率振荡或来回移动。当陀螺仪绕某个轴旋转时，振荡的质量块会受到科里奥利加速度的影响。这种加速度垂直于质量块的振荡方向和旋转轴。通过测量科里奥利加速度的影响（通常是通过检测质量块的位移或力的变化），陀螺仪芯片可以计算出旋转的角速度，即物体每秒旋转的度数。陀螺仪芯片内部的电路将这些物理变化转换成电信号并进一步处理，以提供关于物体旋转的精确信息。

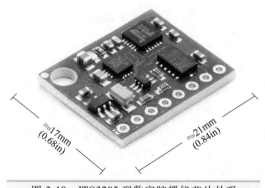

图 3-19　ITG3205 型数字陀螺仪芯片外观

ITG3205 型数字陀螺仪是集成了高性能的三轴数字输出陀螺仪传感器，它被广泛应用于运动处理设备中。ITG3205 通过三个 16bit 模数转换器（ADCs）提供数字输出，每个轴上的运动都会被独立地转换成数字信号，从而实现高精度的角速度测量。可以同时获取三个轴的数据，保证了数据的一致性和同步性，这对运动分析和处理非常重要。ITG3205 型数字陀螺仪内置了可选择的数字低通滤波器（DLPF），可以根据需要编程改变其带宽，可以过滤不需要的高频噪声，从而获得更加准确的测量结果。支持 IIC 接口，能与各种微控制器或处理器进行通信。ITG3205 型数字陀螺仪嵌入了温度传感器，可以监测芯片的工作温度。包含一个精度为 2% 的内部晶振，提供稳定的时钟信号，确保了测量的准确性和一致性。

ITG3205 型数字陀螺仪提供了一套完整的解决方案，用于精确测量物体的角速度。其集成的特性如数字输出、同步采样、数字低通滤波器、快速 IIC 接口、温度传感器和内部晶振等，使其成为运动控制、导航、手势识别等多种应用领域的理想选择。芯片结构如图 3-20 所示。

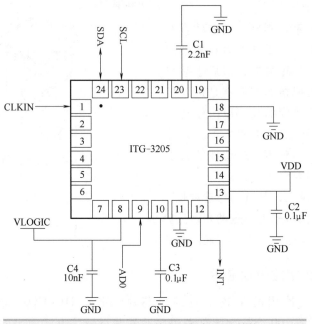

图 3-20 ITG3205 型数字陀螺仪芯片结构

3.4.5 MPU-60X0 模块

MPU-6000（6050）为全球首例整合六轴运动处理组件，相比于多组件方案，避免了组合陀螺仪与加速器时间轴偏差的问题，减少了大量的封装空间。当连接到三轴磁强计时，MPU-60X0 提供完整的九轴运动融合输出到 IIC 或 SPI 端口（SPI 仅在 MPU-6000 上可用）。

MPU-60X0 是全球首例九轴运动处理器，它集成了三轴 MEMS 陀螺仪、三轴 MEMS 加速计、一个可扩展的数字运动处理器（digital motion processor，DMP）MPU-60X0 模块如图 3-21 所示。MPU-60X0 可用 IIC 接口连接一个第三方的数字传感器，如磁力计。扩展之后就可以通过其 IIC 或 SPI 接口输出一个九轴的信号。MPU-60X0 也可以通过其 IIC 接口连接非惯性的数字传感器，如气压传感器。

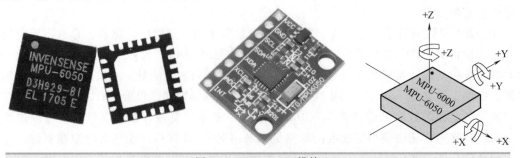

图 3-21 MPU-60X0 模块

1）陀螺仪。MPU-60X0 的陀螺仪部分提供了四种可选的测量范围，即±250°/s、±500°/s、±1000°/s、±2000°/s。可以根据应用需求选择合适的范围，以优化传感器的性能。较小的范围提供了更高的灵敏度和精度，而较大的范围则能够检测更快的旋转速度。

2）加速度计。加速度计部分同样提供了四种可选的测量范围，即±2g、±4g、±8g、±16g（重力加速度）。通过选择不同的测量范围，可以在灵敏度和动态范围之间做出权衡，以适应不同的应用场景。MPU-6000 与 MPU-6050 顶视如图 3-22 所示。

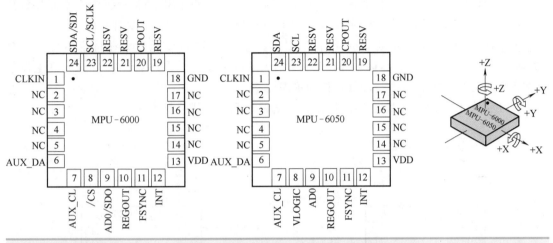

图 3-22　MPU-6000 与 MPU-6050 顶视图

SCL 和 SDA 是连接 MCU 的 IIC 接口，MCU 通过这个 IIC 接口来控制 MPU-6050，另外有一个 IIC 接口，即 AUX_CL 和 AUX_DA 接口，可用来连接外部从设备，如磁传感器，这样就可以组成一个九轴传感器。LOGIC 是 IO 口电压，该引脚最低可以达 1.8V，直接接 VDD 即可。AD0 是 IIC 接口（接 MCU）的地址控制引脚，该引脚控制 IIC 地址的最低位，如果接 GND，则 MPU-6050 的 IIC 地址是 0X68；如果接 VDD，则是 0X69。需要注意的是，这里的地址是不包含数据传输的最低位的（最低位用来表示读写）。MPU-6050 三轴加速度信号如图 3-23 所示。

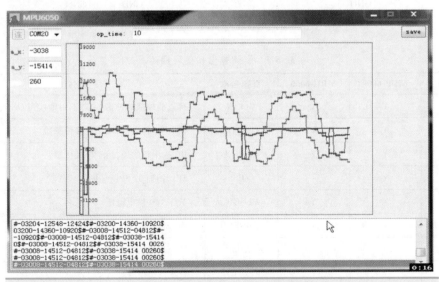

图 3-23　MPU-6050 三轴加速度信号

MPU-6050 引脚功能如下。

1）MPU-6050_VDD：供电引脚。为 MPU-6050 提供电源，通常连接到 3.3V 的电源上。确保电源稳定，以保证传感器正常工作。

2）MPU-6050_GND：地（ground）引脚。连接到系统的共同地线上，以完成电源回路。

3）MPU-6050_SDA：串行数据线（serial data line）。这是 IIC 通信协议中用于数据传输的双向线路。与微控制器或其他主设备的 SDA 引脚相连，用于数据的发送和接收。

4）MPU-6050_SCL：串行时钟线（serial clock line）。这是 IIC 通信协议中用来同步数据传输的线路。与微控制器或其他主设备的 SCL 引脚相连，由主设备控制时钟信号。

5）MPU-6050_INT：中断（interrupt）引脚。MPU-6050 可以配置为在特定事件发生时（如运动检测、自由落体、零运动等）通过这个引脚向主设备发送中断信号。这允许主设备仅在需要时处理数据，有助于降低功耗和提高效率。

MPU6050 模块电路图如图 3-24 所示，引脚输出和信号描述见表 3-7。

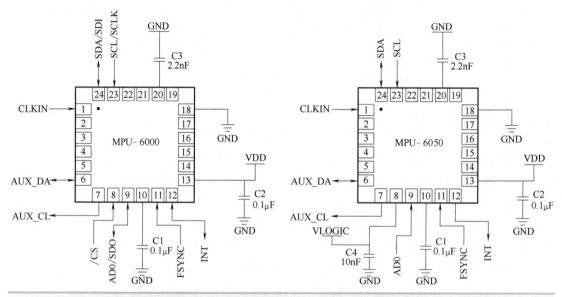

图 3-24　MPU-6000 及 MPU-6050 模块电路图

表 3-7　引脚输出和信号描述

引脚编号	MUP-6000	MPU-6050	引脚名称	描述
1	Y	Y	CLKIN	可选的外部时钟输入，若不用则接到 GND
6	Y	Y	AUX_DA	IIC 主串行数据，用于外接传感器
7	Y	Y	AUX_CL	IIC 主串行时钟，用于外接传感器
8	Y	-	/CS	SPI 片选（0＝SPI mode）
8	-	Y	VLOGIC	数字 I/O 供电电压
9	Y	-	AD0/SDO	IIC Slave 地址、SPI 串行数据输出（SDO）
9	-	Y	AD0	IIC Slave 地址 LSB（AD0）
10	Y	Y	REGOUT	校准滤波电容连线

（续）

引脚编号	MUP-6000	MPU-6050	引脚名称	描述
11	Y	Y	FSYNC	帧同步数字输入
12	Y	Y	INT	中断数字输出
13	Y	Y	VDD	电源电压及数字 I/O 供电电压
18	Y	Y	GND	电源接地
19、21、22	Y	Y	RESV	预留,不接
20	Y	Y	CPOUT	电荷泵电容连线
23	Y	-	SCL/SCLK	IIC 串行时钟(SCL)、SPI 串行时钟(SDI)
23	-	Y	SCL	IIC 串行时钟(SCL)
24	Y	-	SDA/SDI	IIC 串行数据(SDA)、SPI 串行数据输入(SDI)
24	-	Y	SDA	IIC 串行数据(SDA)
2、3、4、5、14、15、16、17	Y	Y	NC	不接

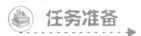

任务准备

为完成无人机数字陀螺仪的安装任务,需要分组准备材料和工具。

每组准备无人机常用的 MPU-6000 模块和 MPU-6050 模块。此外,还需要准备电烙铁、热风枪、镊子、海绵、焊锡、助焊剂以及飞控 PCB 板、MPU-6000 模块和 MPU-6050 模块的电路图等。

任务实施

安装 MPU-6050 模块

MPU-6050 作为主芯片,能同时检测三轴加速度、三轴角速度的运动数据,可对传感器数据进行滤波、融合处理,直接通过 IIC 接口向主控器输出姿态解算后的数据,常应用于四轴飞行器的姿态检测。安装无人机 MPU-6050 模块的方法见表 3-8。

表 3-8　安装无人机 MPU-6050 模块的方法

操作步骤	操作说明	示意
1	给陀螺仪四角都涂上焊锡	
2	给焊盘的四角涂上焊锡	

（续）

操作步骤	操作说明	示意
3	将 MPU-6050 姿态传感器对准无人机 PCB 板上的对齐标记,将芯片固定在小方框中,用镊子压住,用烙铁头沾一点焊锡,固定好陀螺仪	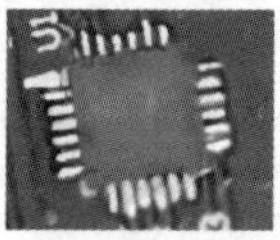
4	再次确认 MPU-6050 姿态传感器是否对准飞控 PCB 板上的对齐标记,确认没问题后,依次焊接其他三个方向的引脚。焊接好后,检查引脚是否对齐,检查是否漏焊,如有则补焊	

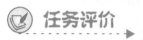任务评价

对于无人机数字陀螺仪的安装任务，请按照表 3-9 所列评价内容与标准进行任务评价。

表 3-9　无人机数字陀螺仪的安装任务评价

评价模块	评价内容	得分
知识模块 （30%）	复述陀螺仪的工作原理(10 分)	
	复述无人机常用的数字陀螺仪芯片的特性(10 分)	
	熟知无人机上常用的 MPU-60X0 模块的结构(10 分)	
能力模块 （50%）	无人机 MPU-60X0 模块的安装准备工作充分、正确(10 分)	
	正确识读陀螺仪 ITG3205 型芯片的典型工作电路图(15 分)	
	正确使用工具焊接 MPU-60X0 模块(15 分)	
	能够正确区分 MPU-6000 和 MPU-6050(10 分)	
素养模块 （20%）	遵守安全操作规范(10 分)	
	按流程要求实施任务(10 分)	
总分		

项目4
无人机动力系统的检测与维修

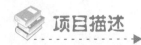

项目描述

为使无人机设备正常工作、完成预定的功能，需要有动力能源。出于成本和使用方便等因素的考虑，民用微小型无人机普遍使用电动动力系统，主要包括动力蓄电池、动力电动机、电子调速系统及螺旋桨，它们构成了无人机设备的"心脏"，源源不断地为无人机输送动能。动力蓄电池为电动机的运转提供电能，通常使用锂离子动力蓄电池和锂聚合物电池。无刷电动机采取电子换向方式，即线圈不动，磁极旋转，通过霍尔元件感知永磁体磁极的位置，根据这种感知，使用电子线路适时切换线圈中电流的方向，保证产生正确方向的磁力来驱动电动机。其具有低干扰、低噪声、低维护成本、寿命长、运转顺畅等优点。电子调速器的作用是将飞控板的控制信号转变为电流的大小，以控制电动机的转速。螺旋桨靠其在空气中旋转的桨叶，将发动机转动功率转化为推进力，是整个动力系统最终的执行部件。螺旋桨的性能对无人机的飞行效率具有十分重要的影响，直接影响无人机的续航时间。

本项目以无人机动力系统为载体，主要介绍了动力蓄电池、无刷电动机、无刷电子调速器、螺旋桨、舵机等部件的工作原理，同时也包含其使用、检测、维修、保养及调试等基本内容。

任务 4.1　无人机动力蓄电池的检测与维护

任务目标

1. 知识目标

1）了解无人机锂聚合物电池的特点。

2）熟悉无人机锂聚合物电池的放电规律。

3）掌握无人机锂聚合物电池的充电标准和注意事项。

4）熟悉无人机锂聚合物电池的日常维护要点。

5）掌握无人机锂聚合物电池的电压检测方法和充、放电操作流程。

2. 能力目标

1）能够计算无人机锂聚合物电池的主要性能参数。

2）读懂无人机动力蓄电池——锂聚合物电池的放电曲线图。

3）能够正确完成无人机动力蓄电池——锂聚合物电池的充、放电操作。

4）能够正确检测无人机动力蓄电池——锂聚合物电池的电压。

5）能够正确处理无人机动力蓄电池——锂聚合物电池的常见故障。

3. 素养目标

1）通过认真完成每一步操作内容，培养专注负责、精益求精的工匠精神。

2）通过规范电池充、放电操作，培养规范操作的安全意识。

3）通过处理电池故障，培养爱岗敬业、吃苦耐劳的职业精神。

任务分析

目前无人机设备电动动力系统的核心动力来源是电池，无人机设备对电池的性能要求特别高，绝大多数无人机电池采用锂聚合物电池。由于无人机的飞行时间长，因此对电池组的耐用性要求很高，导致无人机电池电压下降非常快，控制不好就容易出现过放电，轻则损伤电池，重则易造成炸机。动力蓄电池过放电对电池寿命的损害非常大，因此需要格外重视对电池的常规性检测与维护。

本任务介绍了无人机动力蓄电池的结构、电池充放电方法、动力蓄电池的维护要点等知识，要求学会检测无人机动力蓄电池电压的方法、无人机电池充电的操作方法、无人机电池放电的操作方法以及动力蓄电池常见故障及处理方法。

知识储备

4.1.1 无人机动力蓄电池

目前旋翼无人机动力蓄电池多数为锂聚合物电池。锂聚合物电池（LIPO）的聚合物锂离子工艺中没有多余的电解液，因此性能更稳定，也不易因电池的过量充电、碰撞而发生危险。相比锂离子电池，锂聚合物电池改善了电池漏液问题，安全性更高。锂聚合物电池比相同容量的锂离子电池的放电量高 10%。锂聚合物电池具有能量高、安全性好、小型化、超薄化、轻量化等特点，是微小型无人机设备主要使用的电池。

电压、容量、放电能力是无人机动力蓄电池非常重要的性能参数。电池的电压的单位是伏（特），用符号 V 来表示。标称电压是厂家按照国家标准标示的电压，实际上，在使用过程中电池的电压是不断变化的。锂聚合物电池的标称电压是 3.7V，充电后满电电压可达 4.2V，放电后的保护电压为 3.6V。在实际使用过程中，电池的电压会产生压降，这和电池所带动的负载有关，也就是说，电池所带的负载越大，电流越大，电池的电压就越小，在去掉负载后电池的电压还可以恢复到定值。锂聚合物电池放电曲线图如图 4-1 所示。

在实际使用中，4.2V 的电压不够维持无人机设备的运转，需要将多节锂聚合物电池串联起来以提高电压。一般情况下，串联用英文字母"S"表示，即英文单词"series（串联）"的首字母；并联用英文字母"P"表示，即英文单词"parallel（并联）"的首字母。如只有 1 节锂聚合物电池称为 1S 电池，由几节锂聚合物电池串联起来的电池称为几 S。串联电池，电压加倍，其容量不变；并联电池，其容量加倍，电压不变。串联电池能

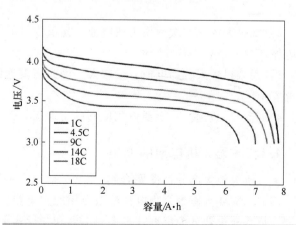

图 4-1　锂聚合物电池放电曲线

够增加电压，3S 是单片电池的三倍电压，6S 是单片电池的六倍电压。并联电池能够增加电池容量，2P 是两片电池并联，其容量是单片电池的两倍。而 6S2P 电池是六片串联、两片并联，一共 12 片电池。动力蓄电池的电压越高，驱动动力越强。多旋翼无人机设备通常使用的是 3S、4S、6S 电池。

4.1.2　无人机电池的结构

电池是旋翼无人机的动力来源，电池的性能很大程度上决定了旋翼无人机的飞行性能，也是当前旋翼无人机发展的主要技术瓶颈。电池的质量在旋翼无人机的总质量中占有很大的比例，旋翼无人机的电池容量大，其质量就大，质量小，则电池容量就小。无人机电池的结构如图 4-2 所示。

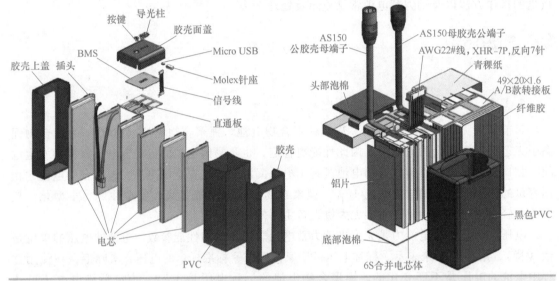

图 4-2　无人机电池的结构

无人机电池有以下使用注意事项。

1）每块电池在使用完毕应冷却 20min 以上，然后进行充电，否则将缩短电池的使用寿命。

2）如果无人机一次使用 1 块电池，建议为每部无人机配备 6~8 块电池，以进行良好的充电循环。

3）无人机锂聚合物电池容量较大，因为需要连续工作，所以其充电功率也较大，注意用电安全。

4）若距离较远，一定要使用便利的交通工具，确保电池充电的时效性。

4.1.3　无人机电池的充电

无人机电池大部分是锂聚合物电池。在使用时锂聚合物电池必须串联才能满足电压要求。因此，需要为锂聚合物电池配备专用的充电器，尽量选用平衡充电器。根据充电原理的不同，可将充电器分为串型式平衡充电器和并行式平衡充电器。并行式平衡充电器使每节串联电池都配备单独的充电回路，互不干涉。电池充电接线如图 4-3 所示。

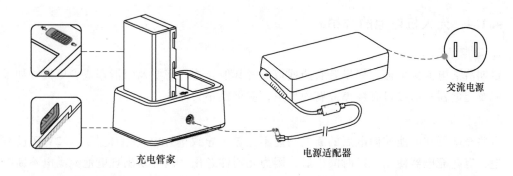

交流电源

充电管家　　　　　电源适配器

图 4-3　电池充电接线

无人机电池的充电有以下要求。

1）充电电流。充电电流不得超过额定电流，使用高于额定电流充电将可能引发电池的充放电性能、力学性能和安全性能等方面的问题，有可能导致电池发热或泄漏。

2）充电电压。充电电压不得超过额定电压（单体电池 4.2V），4.25V 为每单片充电电池的额定电压，单片电池的电压差通常不高于 0.02V。

3）充电温度。电池必须在规定环境温度范围内充电，否则电池易受损坏。当电池表面温度异常时，应立即停止充电。

4）充电连接。正确连接电池的正、负极，严禁反向充电。若正、负极接反，将无法对电池进行充电。

为无人机电池充电有以下注意事项。

1）使用专业的充电器充电，可延长电池的使用寿命。

2）避免过度充电，防止电池出现鼓包或爆裂。应及时维修或更换外表有损坏的电池。

3）定时检查充电线，防止发生断路或短路。

4）充电过程中若发生任何异常，应立即停止充电。

5）充电器应远离灰尘、潮湿、热源及振动环境，应将其放置在合适的位置，并防止其从高处跌落。

6）保持充电器的冷却口处于通风的位置。

7）充电器与电池应远离易燃、易爆物品，防止发生意外。

无人机的电池和充电器的选择一定要谨慎，由于无人机设备配备的都是高能量的锂聚合物电池，瞬间放电能造成爆炸、起火等危险，因此在给无人机的电池进行充电时必须遵守相关要求，选择合适的充电器和合适的充电方法能够有效避免危险的发生。无人机电池的充电标准见表 4-1。

表 4-1　无人机电池的充电标准

电池类型	电池电压	充电电流/A	充电电压/V
遥控器电池	锂聚合物 3S 电池	1.2~1.5	11.1
主控电池	锂聚合物 3S 电池	2.0~2.5	11.1
动力蓄电池	锂聚合物 6S 电池	20	22.2

4.1.4 无人机电池的维护

1. 定期清洁电池

定期清洁电池保护盖，如果有农药残留或者其他异物，需要及时清理或者更换。如果发现电源及充电器平衡接口有烧黑或腐蚀现象，应更换相关部件。

2. 电池不过充

有些充电器在电池充满电后的断电功能不完善，导致单片电池电压达到4.2V还没有停止充电；有些充电器使用一段时间以后，因为元器件老化，也容易出现电池充满电不断电的情况。如果锂聚合物电池过充的话，轻则影响电池寿命，重则直接引发电池爆炸。防止锂聚合物电池过充，应注意以下几点。

1）使用原厂专用的充电器。无人机专用充电器具备充电和充电保护功能，能有效防止过压、过充、过流等情况，操作简单，一体化设计，转场方便。

2）准确设置电池组的电池单体个数。充电的前几分钟必须仔细观察充电器的显示屏，在上面会显示电池组的电池个数，如果显示不清楚，则不应使用。

3）为锂聚合物电池组进行第一次充电前应检查电池组每个电池单体的电压。

4）充电时一定要按照电池规定的充电C数或更低的C数进行充电，不可超过额定电流。

3. 不满电保存

满电电池的化学性质极其活跃，因此电池的满电保存不能超过三天。如果超过一个星期不放电，则存在鼓包的风险，既使有些电池可能暂时不鼓，但几次满电保存后，电池可能会直接报废。

正确的充电方式应是在无人机有飞行任务前充电，电池充电后如在三天内没有飞行任务，则将单片电压充至3.80~3.90V再保存。如在三个月内不使用电池，则电池充放电一次后继续保存可延长电池寿命。

4. 电池保存环境

电池应存放在阴凉的环境下。长期存放电池时，最好能将其放在密封袋中或密封的防爆箱内，建议环境温度为10~25℃且干燥、无腐蚀性气体。

切勿将电池存储在室温超过45℃或低于-20℃的环境中。

5. 不破坏电池包装

电池外包装是防止其爆炸、漏液和起火的重要结构，锂聚合物电池的铝塑膜破损会导致电池起火或爆炸。

📖 **任务准备** ➤

为完成无人机动力蓄电池检测与维护任务，需要分组准备材料和工具。

每组准备平时使用的多旋翼无人机6S锂聚合物电池两个、3S锂聚合物电池两个。

此外还需要准备SkyRC PC1080充电器、2600W四通道智能充电器、智能电池四块，以及万用表、测电器等工具。

任务实施

1. 检测无人机电池电压

（1）利用充电器检测电池电压　利用 SkyRC PC1080 充电器检测电池的电压可参照表 4-2 所列方法。

表 4-2　利用 SkyRC PC1080 充电器检测电池电压的方法

操作步骤	操作说明	示意
1	多次按 STOP 按钮，直到出现电池电压检测界面。该功能可以检测电池剩余电量、每节电池电压、总电压、最高电压和最低电压	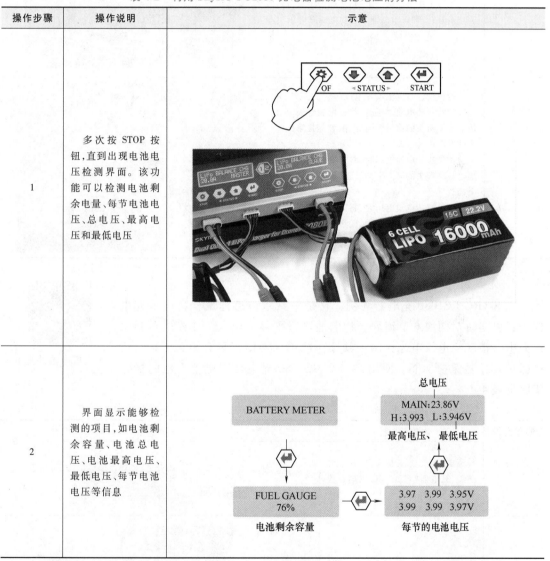
2	界面显示能够检测的项目，如电池剩余容量、电池总电压、电池最高电压、最低电压、每节电池电压等信息	

（2）使用万用表检测锂聚合物电池电压　使用万用表检测锂聚合物电池电压可参照表 4-3 所列方法。

使用万用表检测电池电压

使用万用表检测电池电流

表4-3 使用万用表检测锂聚合物电池电压的方法

操作步骤	操作说明	示意
1	使用数字式万用表检测锂聚合物电池总电压时,将红表笔接电池供电接头的正极、黑表笔接负极或者直接检测电池的平衡头,红表笔接平衡头的第一个插针、黑表笔接最后一个插针,即可检测锂聚合物电池总电压	
2	检测锂聚合物电池单片电压(3S): 检测第一片电池电压时,将万用表红表笔接电池平衡头的第一个插针、黑表笔接第二个插针 检测第二片电池电压时,将万用表红表笔接电池平衡头的第二个插针、黑表笔接第三个插针 检测第三片电池电压时,将万用表红表笔接电池平衡头的第三个插针、黑表笔接最后一个插针	

2. 无人机电池的充电

以 SkyRC PC1080 充电器为例,它是一款双通道锂聚合物电池充电器,可以同时对两块 6 节锂聚合物电池进行平衡充电。工作模式包括快速充电、精准充电及电池存储。其操作简单、便捷,具有短路保护、反接保护及过温保护功能。使用 SkyRC PC1080 充电器为电池充电的操作步骤见表 4-4。

无人机电池的充电

表4-4 使用 SkyRC PC1080 充电器为电池充电的操作步骤

操作步骤	操作说明	示意
1	通电:连接交流电源,打开电源开关,充电器"哔"一声,风扇自检转动一下	电池类型 —— LiPo FAST CHARGE —— 充电模式 充电电流 —— 2.0A OFF-LINE —— 同步状态
2	连接电池:充电器支持充电的锂聚合物电池节数为六节,必须将电池充电线以及平衡头同时与充电器连接	

（续）

操作步骤	操作说明	示意
3	按 START 按钮,充电模式指示灯闪烁。按上、下箭头方向按钮,可选择快速平衡充电(FAST CHARGE)、精准平衡充电(BALANCE CHG)或电池存储充放电(STORAGE)模式	LiPo STORAGE 20.0A OFF-LINE LiPo FAST CHARGE SLAVE
4	再次按 START 按钮,电流选项指示灯开始闪烁,按上、下箭头方向按钮,设置充电电流,可设定电流范围为 1.0~20.0A 按 START 按钮设置通道的"主""从"模式,可将任意一个通道设置"主",则另一个通道自动变成"从"	LiPo BALANCE CHG 20.0A MASTER LiPo BALANCE CHG 20.0A SLAVE STOP ◄STATUS► START STOP ◄STATUS► START
5	长按 START 按钮 2s,开始对电池进行充电	充电电流 6节锂聚合物电池— LP6S 10.0A 23.18V —电池电压 快速平衡充电模式— FAS 035:10 03510 —充电容量 充电时间
6	充电完成:充电模式下充电完成,显示屏显示充电完成界面	[END: FINISH] 25.20V 16200mAh
7	停止:在充电器工作过程中,如果需要停止充电,可按 STOP 按钮。在"主""从"模式下,只能通过"主"通道才能操作	STOP ◄STATUS► START

以 2600W 四通道智能充电器为例,可连接四块电池。充电器最大输出功率高达 2600W,提供快充、慢充两种模式。充电过程中,充电器可实现与电池的通信,并根据当前电池可接受的电流大小智能调整充电电流。使用 2600W 四通道智能充电器为电池充电的方法见表 4-5。

表 4-5　使用 2600W 四通道智能充电器为电池充电的方法

操作步骤	操作说明	示意
1	将充电器连接至交流电源	连接接地线，另一端接地
2	直接将电池电源接口插入电池即可连接电池。若使用转接头，应确保转接头与充电线接口处连接良好	

3. 无人机电池的放电

无人机电池的放电有以下要求。

1）放电电流。放电电流不得超过额定电流，过大电流放电会导致电池容量剧减并导致电池过热膨胀。

2）放电温度。电池必须在规定的工作温度范围内放电。当电池表面温度超过 70℃时，要暂时停止使用，直到电池冷却至室温为止。

3）放电截止电压。电芯安全放电的最低电压为 2.75V，低于此电压继续放电将会对电池性能产生损伤。

无人机电池的放电

4）电池不过放电。无人机电池电压下降过快，轻则损伤电池，重则易造成炸机。需要注意的是，不要每次把电池用至容量极限，要严格按照飞行要求使用电池。对锂聚合物电池进行部分放电而非完全放电，可以延长电池的使用寿命。

5）无人机的锂聚合物电池属于化学电池，其充、放电过程就是内部进行化学反应的过程，低温将使电池的反应速度下降，从而造成续航时间与放电功度改变、电压骤降和飞行动力不足。在低温环境下，电池长时间放置在外，其放电性能会大大降低，此时应将报警电压值设置得小一些，因为在低温环境下电压的下降速度会非常快，若报警一响，应立即使无人机设备降落。

6）使用电池管理站。先将电池管理站切换到放电模式，然后设置放电的截止电量，管理站就能为电池进行放电至最适宜运输的 25%电量或者是适合长期储存的 50%电量。

4. 无人机、电池常见故障及处理方法

无人机电池的常见故障及处理方法见表 4-6。

表 4-6　无人机电池常见故障及处理方法

故障描述	故障原因	操作说明	示意
电池鼓包	制造电池时电极涂层不均匀，生产工艺比较粗糙 在使用电池过程中，经常过充电和过放电 电池满电储存时间过长（超过15天） 长时间在高温环境下存储电池，电池的电解液分解产生气体 工作电流超出电池标称电流，导致电池超负荷工作引发电池受损、胀气	首先用保鲜膜将电池密封包好，然后将其放进冰箱降温半小时左右，再将温度降低后的电池取出，并将电池表面包装膜揭开，用木质牙签在电池表面扎一个小气孔，用手指按压电池表面，排出电池内的气体，最后用胶带封上气孔	
电池起火	过充电过放电：电池过充电或过放电，使电池组中单片电芯不平衡 刺破：尖锐物品刺伤电池表面，使电池正、负极片短路 撞击变形：电池组在受到撞击、挤压等外力的作用下出现形变，使电池正、负极片短路 外部短路：正、负极短路、保护板元件短路 内部短路：粉尘、毛刺刺破隔膜	电池在充电器上发生起火时，应先切断设备电源，然后用石棉手套或火钳摘下充电器上燃烧的锂聚合物电池，并将其隔置于地面或消防沙桶中，再用石棉毯盖住地面上锂聚合物电池燃烧的火苗，并用消防沙填埋石棉毯，使其隔绝空气。 若将使用殆尽的电池报废，应用盐水将电池完全浸泡72h，确保完全放电后再晾干报废	

电池起火时，切忌使用干粉灭火器扑灭，应使用二氧化碳灭火器，不但不污染空间和腐蚀设备，而且能瞬间抑制火苗，但需与沙石、石棉毯配合使用。

任务评价

对于无人机动力蓄电池的检测与维护任务，请按照表4-7所列评价内容与标准进行任务评价。

表 4-7　无人机动力蓄电池的检测与维护任务评价

评价模块	评价内容	得分
知识模块（30%）	复述常用无人机动力蓄电池及其结构（8分）	
	复述无人机锂聚合物电池的充电方法（12分）	
	熟知无人机锂聚合物电池的维护方法（10分）	

（续）

评价模块	评价内容	得分
能力模块 （50%）	正确完成无人机动力蓄电池的充电（10分）	
	正确完成无人机动力蓄电池的充电操作（10分）	
	正确检测无人机动力蓄电池的电压（10分）	
	正确完成无人机动力蓄电池的放电（10分）	
	正确维护无人机动力蓄电池（10分）	
素养模块 （20%）	根据维护周期和维护要点，完成无人机动力蓄电池的日常维护（15分）	
	按流程要求实施任务（5分）	
总分		

任务 4.2　无人机无刷电子调速器的检测与维修

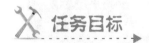

任务目标

1. 知识目标

1）了解无人机无刷电子调速器的结构。

2）熟悉无人机无刷电子调速器的类型与作用。

3）掌握无人机无刷电子调速器的接线方法。

4）熟悉无人机无刷电子调速器油门的校准方法。

5）掌握无人机无刷电子调速器的常用焊接与维修方法。

2. 能力目标

1）能够认识无人机无刷电子调速器的主板结构。

2）能够正确连接无人机无刷电子调速器、电动机、接收机、电池。

3）能够正确完成无刷电子调速器油门的校准操作。

4）能够正确检测无人机无刷电子调速器主控芯片与场效应管。

5）能够正确处理无人机无刷电子调速器的常见故障。

3. 素养目标

1）通过解决任务实施过程中遇到的实际问题，培养自主创新意识。

2）通过规范操作流程，培养诚信敬业、科学严谨的工作态度和良好的职业素养。

任务分析

　　电子调速器（简称电调）是无人机动力系统的重要组成部分，民用微小型无人机设备常用的是无刷电调。无人机通过电调控制电动机，完成规定的速度和动作。电调还有电源输出功能，即在信号线的正、负极之间有5V左右的电压输出，通过信号线为接收机供电，接收机再为舵机等控制设备供电。

本任务介绍了电调的类型、无刷电调的接线方法、无刷电调的作用、无刷电调的主要参数、电调的校准方法等知识。在此基础上，完成无刷电调的场效应管检测、电调主控芯片检测、无刷电调的焊接、无刷电调的故障维修及无刷电调常见故障解决等操作。

4.2.1 电调的类型

动力电动机的调速系统称为电调，全称为电子调速器（electronic speed controller，ESC）。电调的作用就是将飞控板的控制信号转变为电流的大小，以控制电动机的转速，同时带有电源输出功能的电调还充当变压器，可将高电压转换成 5V 电压，为飞控板和接收机供电。

根据动力电动机类型的不同，可将电调分为有刷电调和无刷电调。有刷电调就是用来控制有刷电动机转速的设备，有刷电调通常有四根导线，两根是输入电源端，接电源（电池）正、负极，另外两根是控制电动机转速的输出端，接电动机的两个电极。通过改变电流/电压以及传导方向，就可以实现对转速及方向（正、反向）的控制。

电调是动力系统的重要组成部分，多旋翼无人机使用的无刷电动机必须通过无刷电调的驱动才能运转。无刷电调的标称通常是：品牌+输出能力，例如好盈40A。无刷电调在结构上由输入部分电源线、电调主体、输出部分电源线、信号输入线、连接件等构成，如图 4-4 所示。

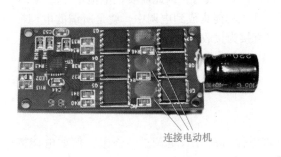
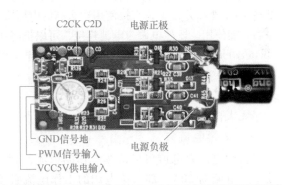

图 4-4 无刷电调的结构

4.2.2 无刷电调的接线方法

无刷电调的输入端由电源线与插头构成，插头是连接飞行器与电池的连接件，输入线是可以通过较大电流的硅胶线。硅胶高温线具有优良的耐高温及耐低温性能，同时具有优良的耐高压和耐蚀性，其内部是由多根直径为 0.08mm 细铜丝组成，具有良好的通过大电流的能力。信号输入线由三根导线构成，与飞控或接收机相连。无刷电调输出端的三根细线与电动机连接，如图 4-5 所示。

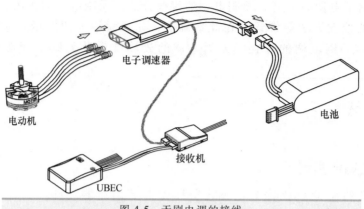

电子调速器

电动机

电池

接收机

UBEC

图 4-5　无刷电调的接线

4.2.3　无刷电调的作用

1. 驱动无刷电动机

无刷电动机是有三根输入电源线的三相直流电动机，直接连接电池是无法转动的，需要另外使用驱动装置才会转动，无刷电调就起到这个作用。

2. 调速

多旋翼无人机都通过调整电动机转速来控制无人机的运行轨迹和运动速度，电子调速器能调整电动机的转速。

3. 电调功能

接收机、飞控、舵机等需要电源供电，但它们工作电压是 5~6V，而无人机使用的电池电压都在 7.4V（2S）以上，直接使用这么高的电压定会损坏这些设备，因此需要把电池电压降为 5V左右才能使用。既然电调与电池连接，可以把降压、稳压功能集成到电调中，就是所谓的电调带（battery eliminate circuit，BEC），带 BEC 的电调可以直接为接收机等设备供电。

4.2.4　无刷电调的主要参数

无人机常用的无刷电调的主要参数如下。

1. 持续电流

持续电流是电调可以持续工作的电流，超过该电流可能导致电调过热烧毁。例如电调持续工作电流为 20A，那么该电调的工作电流必须小于 20A。

2. 工作电压

工作电压是电调的正常工作电压区间，例如某 40A 电调使用的电池为 2~6S，其工作电压为 7.4~22.2V。电调工作时的电压必须在指定范围内，否则将不能正常工作。

3. 刷新频率

电调信号的刷新频率决定了电调的相应速度。电调信号刷新频率一般为 30~499Hz。多旋翼无人机宜选用高频率的电调，更高的信号频率可以使无人机响应速度更快。

4. PWM 频率

无刷电调对电动机进行控制都是以 PWM 占空比方式来调速的，而 PWM 频率就是 PWM信号频率。

4.2.5 电调的校准

首次使用电调或者更换遥控器时，需要重新设置电调油门行程，否则可能会出现油门摇杆处于最低位置时，电动机还在转，或者油门摇杆没推到最高位置，电动机已获得最大转速。不同厂商的电调油门行程校准方法不一样，大致步骤如下。

1）打开遥控器，将油门摇杆推到最高位置。

2）将电调线插入接收机的第三通道CH3，另一端连接电动机。连接的线序只改变电动机的转向，当调换任意两根线时，电动机的旋转方向变为相反方向。

3）给电调通电，听到"哔-哔-"两声短鸣后，3s内将油门摇杆调至最低位置，又听到"哔"的一声确认后，关闭电源。

4）重新接通电源，听到"哔-哔-哔-哔-哔-"声音后表示校准成功，此时推动油门摇杆电动机旋转。按此方法依次校准四个电调，如图4-6所示。

图4-6 电调油门校准

任务准备

为完成无人机无刷电调检测与维修任务，需要分组准备材料和工具。

每组准备平时实训室使用的好盈30A电调和银燕（XP-12A）无刷电调。此外，还需要准备恒温电烙铁、万用表、打火机、富斯-i6遥控器、FS-iA6B接收机、电动机、电调主板、3S-4S锂聚合物电池、焊锡、香蕉母头、热缩管、T插公头、贴片场效应管、电调场效应管电路图等。

任务实施

1. 焊接无人机无刷电调

焊接无人机无刷电调的方法见表4-8。

表4-8 焊接无人机无刷电调的方法

操作步骤	操作说明	示意
1	焊接前应准备好电调、焊锡、香蕉母头、热缩管、T插公头等材料。将恒温烙铁的温度调到350~400℃	

（续）

操作步骤	操作说明	示意
2	使用辅助工具将香蕉母头夹紧,电烙铁从香蕉母头侧面的圆孔中插入,同时从上方给烙铁头点一些焊锡	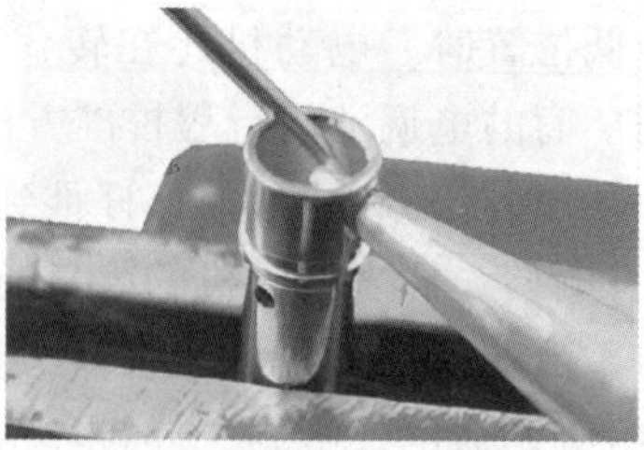
3	先给香蕉头套上热缩管,将烙铁头一直放在香蕉母头孔里,等焊锡完全熔化后把线放进去,等完全熔合后拔出烙铁头。焊接完成后,试着用力拔一拔,确认焊牢固,不要出现虚焊现象	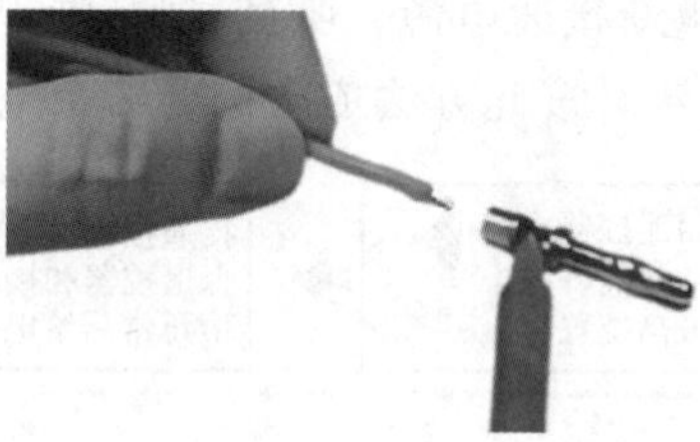
4	将热缩管移至端点包住香蕉母头,用打火机慢慢将热缩管热缩	
5	先将热缩管套在电线上,给T插公头的引脚上锡,然后套上热缩管,用打火机加热热缩管,再把另一根线用相同方法焊接	
6	焊接完成后,检查是否有漏焊、虚焊,再用万用表测试各个焊点是否短路	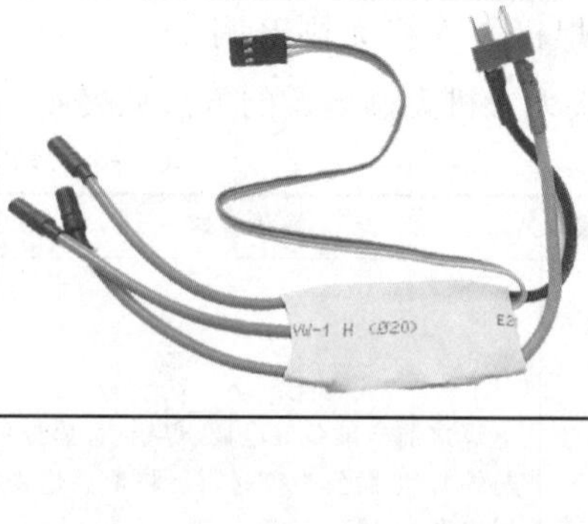

2. 检测无刷电调 MOS 管

电调故障可分为接口连接性故障和电调元器件故障。对于接口连接类故障,可通过检测电调与飞控的通信接口是否短路来判断。一般检测电调与飞控排插口的 M1~M4 焊点,万用表的红表笔依次按接四个焊点,黑表笔接电源负极,将万用表的转换开关置于蜂鸣通断档检测是否短路。

电调元器件故障的检测和维修步骤大致相同。当无人机设备出现电动机旋转卡顿、无反应、不自检、烧毁等故障时，大概率都是电调出现故障。电调故障检测包括电调的 MOS 管、BEC、主控芯片及主供电芯片检测等内容。电调的损坏经常与电调的 MOS 管相关，因此第一步就应该检测 MOS 管。只有先修复 MOS 驱动部分，才可以继续维修其他部分。无人机无刷电调 MOS 管的检测方法见表 4-9。

表 4-9 检测无人机无刷电调 MOS 管的方法

检测内容	检测步骤
检测电调 MOS 管短路	检测每一路三相的六个 MOS 管： 使用万用表，将转换开关置于蜂鸣通断档，先将红表笔接电源正极，黑表笔分别按接三相的焊盘，如果有蜂鸣声音，说明相应相的高（H）MOS 管短路 将黑表笔接电源负极，红表笔分别接三相的焊盘，如果有蜂鸣声音，说明相应相的低（L）MOS 管短路
检测电调 MOS 管门极电阻阻值	MOS 管烧毁，除了有炸机等外部因素，还有内部原因，就是 MOS 管门极（G）连接的电阻不正常。一般电调的 MOS 门极与阻值不大的电阻连接，如果 MOS 管门极阻值异常大，则必然使 MOS 管不能正常工作，导致上电后电动机被烧毁，甚至出现明火烧焦电调
检测换相电路阻值	通过检测换相电路阻值，检测相关 MOS 管及其驱动芯片 将万用表的转换开关置于电阻档（阻值大于 60kΩ），将万用表黑表笔接电源负极 将红表笔分别接每路电动机三个焊盘测量其阻值 正常情况下，电路阻值大约相等。如果哪一路的焊盘阻值过高或过低，说明相关的 MOS 管或 MOS 管驱动芯片异常，或是相关电阻异常
检测 MOS 管驱动芯片供电电路	电调的 MOS 管驱动芯片一般是四个 6288Q 芯片，支持 6~12V 供电，供电芯片一般是一个或两个四脚降压芯片，从左到右依次为 6~12V 输出、接地、电池电压 将万用表黑表笔接电源负极 将万用表红表笔接输出端引脚，测量电路通断 如果有短路，则可能有 MOS 管驱动芯片短路或降压芯片本身短路

3. 检测无刷电调主控芯片

32bit 电调主控芯片一般是 F051K66，8bit 电调的为 8BB21。因为主控芯片是 3.3V 供电，所以需要有 3.3V 的五脚降压芯片。三脚一侧的两边引脚是 6~12V 输入，两脚一侧面朝向自己，右边引脚是 3.3V 输出。检测无人机无刷电调主控芯片的方法见表 4-10。

表 4-10 检测无人机无刷电调主控芯片的方法

检测内容	检测步骤
检测主控供电芯片	将万用表黑表笔接电源负极 红表笔接 3.3V 引脚 将万用表的转换开关置于蜂鸣通断档测通断 如果短路，则说明降压芯片本身短路或主控芯片短路
检测主控芯片	若未接电时检测各部分没有发生短路，则在电阻正常的情况下接通电源，使用万用表测量 PWM 口的电压，确保其在正常范围 接入电池，将万用表的转换开关置于直流电压档，将黑表笔接电源负极 红表笔依次接排插口 M1~M4 焊点，测量电压应为 3.3V 左右才稳定，否则认为短路

4. 维修无刷电调故障

维修无人机无刷电调故障的方法见表 4-11。

表 4-11　维修无人机无刷电调故障的方法

维修步骤	故障描述	操作说明	示意
1	银燕(XP-12A)无刷电调在使用 4S 电池时被烧毁	MOS 管明显烧焦	
2	结合原理图和 PCB 板确认烧坏的是 AO4407A 场效应管	收集资料,明确损坏 MOS 管的型号与封装参数　收集对应无刷电调的电路图　结合原理图和 PCB 板上的丝印,明确损坏的 MOS 管型号与封装参数	SOIC-8 Top View　AO4407A-PMOS
3	用万用表检测电路,发现贴片 NMOS 场效应管是坏的	用万用表对刚更换过的 AO4407A 场效应管进行检测,发现其功能正常　查看原理图,发现还有两个 RK7002BM 7002 SOT-23 贴片 NMOS 场效应管　利用电烙铁更换两个 RK7002BM 场效应管后,能完美起动电动机	SOT-23　DRAIN　GATE　SOURCE

5. 电调常见故障的解决方法

无人机电调常见故障的解决方法见表 4-12。

表 4-12　无人机电调常见故障的解决方法

故障描述	故障原因	操作说明
上电直接烧毁电调 MOS 管	半桥损坏	重新检修好 MOS 管后更换半桥。更换时,先焊接一个 MOS 管,等确认修好后再焊接其他 MOS 管。同时检测 PCB 板完好,如果 PCB 板短路也会烧毁 MOS 管
电调连接电动机后,电动机不自检	单片机供电不正常　单片机损坏　升压芯片或者半桥驱动损坏　BEC 损坏　自检声是由电动机发出的,电动机由 MOS 管驱动,MOS 管需要依靠半桥或者前级晶体管推动,而半桥或推动晶体管信号来自单片机　由于接收机由 BEC 供电,如果 BEC 损坏,则接收机无法工作,电调不能收到来自接收机的信号,同样不会自检或者自检后中断工作	检测单片机供电情况。使用万用表检测单片机的工作电压,目前电调单片机的供电方式是用线性稳压器。视芯片型号不同,电压有 3.3V、3.6V 或 5V　检测升压芯片。将 BEC 的 5V 电压升到 10～12V 后芯片损坏,则所有半桥将不工作,即使 MOS 管完好,电动机也不工作。检修时注意检查芯片的输出电压,如果是 10～12V 的电压输出而不自检,则确定半桥损坏,否则升压芯片或半桥损坏　检测 MOS 管推动方式。MOS 管的推动方式有半桥和普通晶体管两种,直接更换损坏的半桥或晶体管即可

（续）

故障描述	故障原因	操作说明
电调上电后烧毁电动机	电调上电后，电动机一转就烧毁 MOS 管，甚至烧毁电动机，有时出现明火烧焦电调 PCB 板	这类故障要以预防为主，尽量避免，一旦发生将导致整个电调 PCB 板的报废，需更换新电调

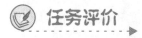 **任务评价**

对于无人机无刷电子调速器的检测与维修任务，请按照表 4-13 所列评价内容与标准进行任务评价。

表 4-13　无人机无刷电子调速器的检测与维修任务评价

评价模块	评价内容	得分
知识模块（30%）	复述无人机电调的类型（8 分）	
	复述无人机无刷电调的作用（12 分）	
	熟知无人机常用无刷电调的校准方法（10 分）	
能力模块（50%）	正确检测无刷电调的场效应管（10 分）	
	正确检测无刷电调驱动芯片的供电电路（10 分）	
	正确检测无人机无刷电调主控芯片的供电电路（10 分）	
	正确焊接无人机无刷电调（10 分）	
	正确排除无人机无刷电调常见故障（10 分）	
素养模块（20%）	遵守安全操作规范（15 分）	
	按流程要求实施任务（5 分）	
总分		

任务 4.3　无人机无刷电动机的检测与维修

 **任务目标**

1. 知识目标

1）了解无人机无刷电动机的结构与工作原理。

2）熟悉无人机无刷电动机的类型与作用。

3）掌握无人机无刷电动机的主要参数。

4）熟悉无人机无刷电动机的安装方法。

5）掌握无人机无刷电动机的常用焊接与维修方法。

2. 能力目标

1）能够认识无人机有刷电动机和无刷电动机的结构。

2）能够正确连接无人机无刷电调、电动机、接收机、电池。

3）能够根据多旋翼无人机不同模式，正确安装无人机电动机。

4）能够正确检测无人机无刷电动机。

5）能够正确处理无人机无刷电动机的常见故障。

3. 素养目标

1）在任务实施过程中，提升自信心和专业认同感。

2）通过维修无刷电动机，培养规范操作、保质保优的质量意识。

3）通过规范安全生流程，培养认真负责、科学严谨的工作态度和精益求精的工作精神。

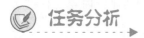

任务分析

电动机是无人机设备的动力来源，无人机通过改变电动机的转速来改变其飞行状态。目前市面上大部分无人机使用的是无刷电动机，无刷电动机采用半导体开关器件来实现电子换向，具有可靠性高、无换向火花、噪声低等优点。

本任务介绍了无人机电动机的类型、无刷电动机的结构、无刷电动机的工作原理、无刷电动机的主要参数等知识。在此基础上，完成四旋翼 APM 飞控无人机电动机的安装、直流无刷电动机的检测、无刷电动机的常见故障的解决和维修等操作。

知识储备

4.3.1 无人机电动机的类型

无人机常用电动机可分有刷电动机和无刷电动机两种。

1. 有刷电动机

有刷电动机由定子和转子两大部分组成，定子上有磁极，转子上有线圈电动机工作时，线圈和换向器旋转，定子永磁铁和电刷不转，线圈电流方向的交替变化是随电动机转动的换相器和电刷来完成，如图 4-7 所示。

有刷电动机具有造价低、起动转矩大、结构简单、运行平衡、控制精度高、容易维护，主要用于速度较慢或对震动不敏感的车模和船模上，但摩擦大、损耗大是有刷电动机最大的问题。

2. 无刷电动机

与有刷电动机不同的是，无刷电动机不包含电刷和换向器等部件，它通过电子方式控制，使用零刷技术，具有更高的效率和更稳定的性能，其功率因数通常为 90% 以上，在低速和高速运行时都有良好的性能。

图 4-7 有刷电动机的结构

无刷电动机的结构如图 4-8 所示，前盖、中盖、后盖主要是整体结构件，起到构建电动机整体结构的作用。因为外转子无刷电动机的外壳也是磁铁的磁路通路，所以外壳必须由导磁性材料制成。内转子的外壳只是结构件，因此不限材质，但内转子电动机比外转子电动机多一个转子铁心，该转子铁心同样也起到磁路通路的作用。

永磁铁安装在转子上，是无刷电动机的重要组成部分。无刷电动机的绝大部分性能参数都与永磁铁相关，包括功率、转速、转矩等。

硅钢片是有槽无刷电动机的重要组成部分（无槽无刷电动机是没有硅钢片的，但是目前绝大多数的无刷电动机都是有槽的）。它在整个系统中的主要作用是降低磁阻、参与磁路运转。

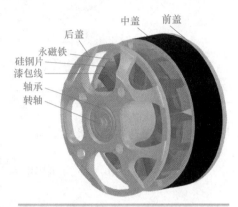

图 4-8　无刷电动机的结构

转轴是电动机转子的直接受力部分。转轴的硬度必须能满足转子高速旋转的要求。

轴承是电动机运转顺畅的保证。可以将轴承分为滑动轴承和滚动轴承，而滚动轴承又可以细分为深沟球轴承、滚针轴承和角接触轴承等十大类，而目前大多数的无刷电动机采用深沟球轴承。

4.3.2　无刷电动机的工作原理

无刷电动机采取电子换向，线圈不动，磁极旋转，通过霍尔元件感知永磁铁磁极的位置，根据这种感知，适时切换线圈中电流的方向，保证产生正确方向的磁力来驱动电动机。无刷电动机的工作原理如图 4-9 所示。

无刷电动机具有以下优点。

1）无电刷、低干扰。无刷电动机去除了电刷，最直接的变化就是不会像有刷电动机那样在运转时会产生电火花，极大减少了电火花对遥控无线电设备的干扰。

2）噪声低，运转顺畅。无刷电动机没有了电刷，运转时摩擦力大大减小，运行顺畅，噪声低，这个优点对于运行稳定性来讲是一个突出的优点。

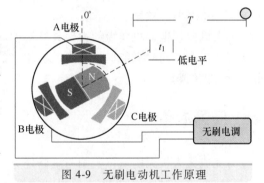

图 4-9　无刷电动机工作原理

3）寿命长，低维护成本。少了电刷，无刷电动机的磨损主要是在轴承上，从机械角度看，无刷电动机几乎是一种免维护的电动机，必要时只需做一些除尘维护即可。

4.3.3　无刷电动机的主要参数

电动机的型号主要以尺寸为依据。如 2212 电动机、2018 电动机等。任何品牌的电动机其型号都要对应四位数字，其中前两位数字是电动机转子的直径，后两位数字是电动机转子的高度。如图 4-10 所示，无刷外电子 2212 电动机是指转子线圈的直径是 22mm，不包括轴电子线圈的长度是 12mm。

电动机的转速一般用 KV 值来表示。KV 值是无人机电动机一个最重要的参数，KV 值是指电动机在空载状态下，提高单位电压时所能提高的电动机转速，也可以简单理解为空载状

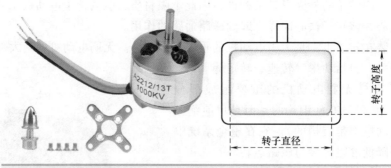

图 4-10　电动机标识（左）与转子示意图（右）

态下电动机的转速和电压的比值，即

$$KV 值 = \frac{电动机转速（空载）}{电压}$$

10V 电压下电动机的空载转速是 1000r/min，那么电动机的 KV 值就是 100。2212-850KV 电动机在 10V 电压下的转速就是 850kV×10V = 8500r/min。KV 值是电动机综合性能的一个重要指标，在电动机上会作为基本参数标出。绕线匝数多的电动机其 KV 值小，最高输出电流小，但转矩大；绕线匝数少的电动机其 KV 值大，最高输出电流大，但转矩小。KV 值越小，同等电压下转速越慢，转矩越大，在无人机上可带更大的桨叶。KV 值越大，同等电压下转速越快，转矩越小，在无人机上只能带小桨叶。相对来讲，KV 值越小，效率就越高。

无人机使用电动机作为动力，具有其他动力装置无法比拟的优点，可使无人机的噪声和红外特征很小，同时又能提供与内燃机相当的比功率。电动机尤其适合作为低空、低速、微小型无人机的动力。

任务准备

为完成无人机无刷电机检测与维修任务，需要分组准备材料和工具。

每组准备平时使用的 2312 无刷电动机，两个沿逆时针方向旋转（CCW）、两个沿顺时针方向旋转（CW）。此外，还需要准备四个机臂、不同型号螺钉旋具、内六角扳手、气吹、万用表、测电器、毛刷和吹风机等工具。

任务实施

1. 安装无人机无刷电动机

安装无人机无刷电动机的方法见表 4-14。

2. 检测直流无刷电动机

在使用无人机过程中会出现粉尘堆积或电动机进水等情况，造成电动机损坏，长时间工作状态下的电动机如图 4-11 所示。

表 4-14 安装无人机无刷电动机的方法

安装步骤	操作描述	示意
1	X 型四旋翼无人机的 APM 飞控对电动机位置的布置有以下要求:以机头正前方为正上方,右上电动机为 1 号,左下电动机为 2 号,左上电动机为 3 号,右下电动机为 4 号。1 号和 2 号电动机应为沿逆时针方向旋转(CCW),3 号和 4 号电动机为沿顺时针方向旋转(CW)	
2	使用的 16 颗内六角螺栓为 M3×8(直径为 3mm,长度为 8mm),将四颗螺栓插入电动机孔位中,将管夹插入至长螺栓中,把电动机座插入管夹下方,用螺母紧固	
3	电动机旋转的方向应与子弹头拧紧的方向相反,并搭配对应电动机旋转方向的桨叶,如果在测试过程中发现电动机旋转的方向不对,可通过调换与电调三根接线中的任意两根来改变其旋转方向	

a)　　　　　　　　　　　　　b)

图 4-11　长时间工作状态下的电动机

　　检测民用微小型无人机电动机包括以下内容:先详细检查电动机各部分温度、声音、振动等情况,然后测量电压、电流、转速,再卸下螺旋桨,对直流无刷电动机进行检测。

　　(1) 电阻检测法

　　1) 在未通电的情况下,手动旋转电动机主轴,观察并感受电动机转动时是否平稳。如果感觉到明显的卡顿、摩擦或不正常的震动,可能意味着电动机存在问题。

　　2) 使用万用表测量电动机的线圈电阻。通过测量电动机各个线圈的电阻值,可以初步判断电动机是否存在短路、断路或其他故障。

　　3) 检测霍尔元件的电阻。在测量霍尔元件的电阻时,同时手动转动电动机主轴,观察电阻值的变化。正常情况下，当电动机转动时，霍尔元件的电阻值应该会有规律地变化。如果电阻值没有变化或变化异常，可能表示霍尔元件存在故障。

（2）万用表检测法

1）将万用表转换开关置于直流电压10V档。

2）万用表的黑红表笔分别与电动机的两个电极连接。

3）手动转动电动机转子，观察数字式万用表显示的数值。正常情况下，当电动机转动时，数字式万用表应该显示一个变化的电压值，这表明电动机在工作并产生输出。

4）观察数值变化。如果在转动电动机时，数字式万用表的数值稳定地变化，表示电动机正常工作。如果数字式万用表的数值不变或者出现异常波动，可能意味着电动机存在问题。

3. 维修无刷电动机故障

维修无人机无刷电动机故障的方法见表4-15。

表4-15　维修无人机无刷电动机故障的方法

故障描述	故障原因	维修操作说明
电动机电路接触不良,短路,转轴阻力大	可能是粉尘堆积造成的故障	用毛刷和吹风机清除粉尘
轴承损坏,电动机旋转有杂音,阻力较大	可能是电动机进水或进液体导致电动机损坏	根据损坏程度决定维修或更换新的电动机
卸掉螺旋桨后,电动机旋转产生的振动较大	电机发生过撞击,动平衡被破坏	及时更换相同规格的新电动机
无人机起飞后侧翻或者起飞后在空中高速旋转	电动机转向错误	仔细检查确定转向是否正确,调换该电动机的任意两根线即可

任务评价

对于无人机无刷电动机的检测与维修任务，请按照表4-16所列评价内容与标准进行任务评价。

表4-16　无人机无刷电动机的检测与维修任务评价

评价模块	评价内容	得分
知识模块（30%）	复述无人机电动机的类型(8分)	
	复述无人机无刷电动机的工作原理(12分)	
	熟知无人机无刷电动机的检测步骤与方法(10分)	
能力模块（50%）	能在四旋翼APM飞控的无人机机臂上正确安装无刷电动机(10分)	
	正确检测无人机无刷电动机的电阻(10分)	
	正确检测无人机无刷电动机的电流(10分)	
	正确排除无人机无刷电动机的常见故障(10分)	
	根据电动机KV值和电压,正确计算无刷电动机的转速(10分)	

（续）

评价模块	评价内容	得分
素养模块 （20%）	遵守安全操作规范（15分）	
	按流程要求实施任务（5分）	
	总分	

任务4.4 无人机舵机的检测与维修

任务目标

1. 知识目标

1）了解无人机舵机的组成结构。

2）熟悉无人机舵机的工作原理。

3）掌握无人机舵机的主要参数。

4）熟悉无人机舵机的拆卸与安装方法。

5）掌握无人机舵机的常见故障解决方法。

2. 能力目标

1）能够认识无人机舵机的主要组成部件。

2）能够在常规固定翼和三角翼无人机机体上正确使用舵机。

3）能够正确拆卸和安装无人机舵机。

4）能够排除无人机舵机的常见故障。

3. 素养目标

1）通过故障排查，培养细致严谨的工作习惯。

2）在无人机舵机故障解决过程中，培养敬业爱岗的职业精神。

3）通过小组协作完成任务，培养团队协作意识。

任务分析

舵机是一种有输出轴的小传动装置，通常用于控制机械系统中的角度位置。舵机内部包含电动机、减速机构和控制电路，其主要作用是根据输入的编码信号来精确定位输出轴到指定的角度位置。只要该编码信号存在信号输入线上，舵机就将保持输出轴的当前角度位置不变。一旦编码信号改变，输出轴的角度位置也将随着改变。通常，舵机被用于控制无人机的升降尾翼和方向尾翼等的位置。

本任务介绍了无人机舵机的类型、无人机舵机的结构、无人机舵机的工作原理、无人机舵机的作用等知识，同时需要完成无人机舵机的拆卸与安装操作、无人机舵机的常见故障解决与维修等操作。

知识储备

4.4.1 无人机舵机的类型

舵机是在自动驾驶仪中操纵固定翼无人机舵面转动的一种执行部件。一般可将舵机分为以下几种类型。

1）按照舵机的控制电路的不同，可分为模拟舵机和数字舵机。模拟舵机的控制电路为纯模拟电路，需要一直发送目标信号才能转到指定位置，响应速度较慢，无反应区较大；数字舵机的内部控制电路增加了微型控制器，只需要发送一次目标信号即可到达指定位置，速度比模拟舵机更快，无反应区也更小。

2）按照使用对象的不同，可分为航模舵机、车模舵机、船模舵机和机器人舵机。航模舵机一般要求速度快、精度高，而车模和船模舵机一般要求具有大转矩和较好的防水性。

3）按照内部材质的不同，可分为塑料齿舵机和金属齿舵机。塑料齿舵机内部的传动齿轮是塑料的，重量轻、价格低，但转矩较小；金属齿舵机的转矩更大，舵机更结实耐用，但相比塑料齿更重也更贵。

4）按照外部接口和舵机的控制方式的不同，可分为 PWM 舵机和串行总线舵机。

4.4.2 无人机舵机的结构

舵机由外壳、舵盘、直流电动机、变速齿轮组、可调电位器、电子控制板等组成，如图 4-12 所示。

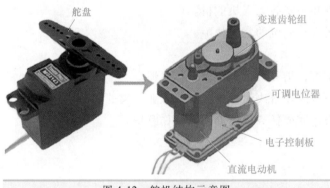

图 4-12　舵机结构示意图

舵机是固定翼无人机动力系统中非常重要的部件。不同机型固定翼无人机中舵机的使用数量有所不同。图 4-13 所示为常规固定翼无人机机体和三角翼无人机机体中舵机的使用位置与数量。

4.4.3 无人机舵机的工作原理

如图 4-14 所示，舵机内部的控制驱动电路板从外界接收控制信号，经过处理后变为一个直流偏置电压，在控制板内部有一个基准电压，这个基准电压由电位器产生并反馈到控制板。将外部获得的直流偏置电压与电位器的电压进行比较获得电压差，并输出到电动机驱动芯

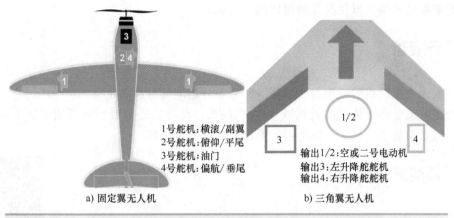

1号舵机:横滚/副翼
2号舵机:俯仰/平尾
3号舵机:油门
4号舵机:偏航/垂尾

输出1/2:空或二号电动机
输出3:左升降舵舵机
输出4:右升降舵舵机

a) 固定翼无人机　　　　　　b) 三角翼无人机

图4-13　舵机位置与数量

片驱动电动机,电压差的正负决定电
动机的正反转,大小决定旋转的角度。
当电压差为0时,电动机停止转动。

　　舵机的输入端一般有三根线,红
色线用于连接电源正极,咖啡色线用

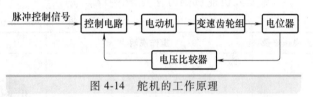

图4-14　舵机的工作原理

于连接电源负极,黄色线用于接收控制信号线。舵机的控制通常采用PWM信号,例如需要一个周期为20ms的脉冲宽度调制(PWM),脉冲宽度部分一般为0.5~2.5ms角度控制脉冲部分,总间隔为2ms。当脉冲宽度为1.5ms时,舵机旋转至中间角度;当脉冲宽度大于1.5ms时,舵机旋转角度增大;当脉冲宽度小于1.5ms时,舵机旋转角度减小。有90°、180°、270°和360°舵机,图4-15所示为180°舵机的脉冲宽度与角度的关系。

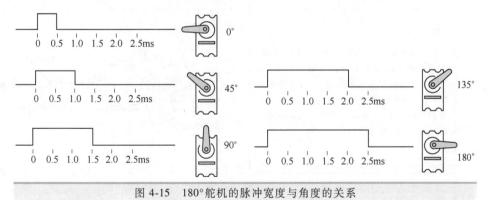

图4-15　180°舵机的脉冲宽度与角度的关系

4.4.4　无人机舵机的作用

无人机舵机的作用主要包括以下几个方面。

1)姿态控制。通过调整舵面的转角,可控制无人机的姿态。

2)高度控制。通过调整升降舵的转角,可控制无人机的飞行高度。

3)方向控制。通过调整方向舵的转角,可控制无人机的飞行方向。

4)自动稳定控制。舵机配合惯性导航系统等控制器,实时检测无人机的姿态和位置并自动调整舵面的转角，以使其保持稳定的飞行状态。

任务准备

为完成无人机舵机的检测与维修任务，需要分组准备材料和工具。

每组需要准备平时使用的舵机或 MG995 舵机。此外，还需要准备万用表、不同型号螺钉旋具、内六角扳手、气吹、测电器、毛刷和吹风机等工具。

任务实施

拆卸舵机

1. 拆卸无人机舵机

拆卸无人机舵机的方法见表 4-17。

表 4-17　拆卸无人机舵机的方法

操作步骤	操作说明	示意
1	以 MG995 舵机为例，在舵机的输出轴上配有不同类型的机械结构，可以实现不同角度以及不同方向的控制	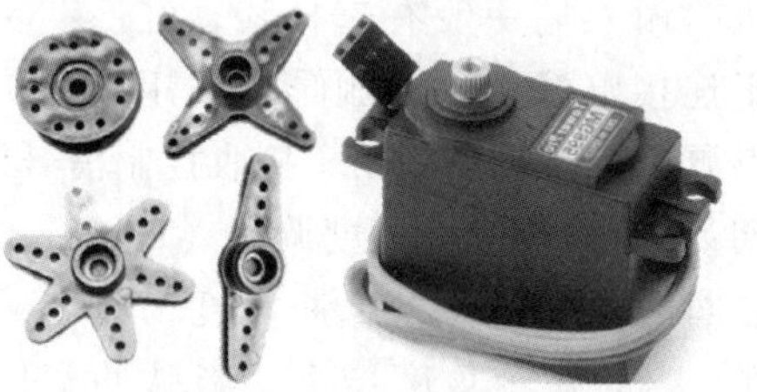
2	舵机的控制一般需要 20ms 的脉冲周期，控制脉冲的高电平部分持续时间为 0.5～2.5ms，用于控制舵机的角度位置，总间隔为 2ms。以 180°角度为例，其对应的控制关系是：0.5ms→0°、1.0ms→45°、1.5ms→90°、2.0ms→135°、2.5ms→180°	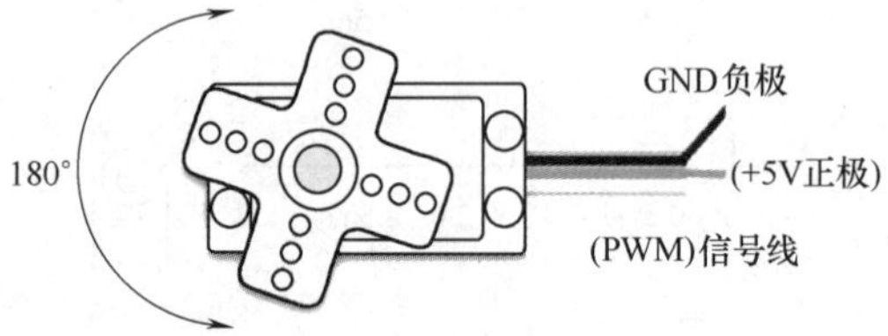 180°　GND负极　(+5V正极)　(PWM)信号线
3	螺钉旋具拧开后盖螺钉，可看到舵机内部的电动机和控制电路板	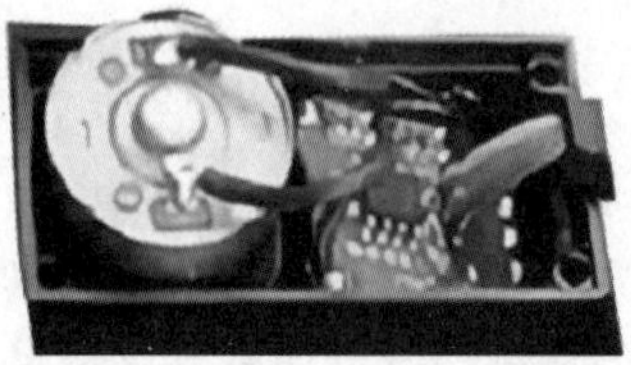

（续）

操作步骤	操作说明	示意
4	拆开舵机前面的齿轮箱后,可以看到四级减速齿轮,输出轴上还有一个轴承。因为输出轴是受力的,所以加了一个滚动轴承	
5	卸下所有的齿轮后,在输出轴下面有一个可以旋转的凸起轴,用于卡住齿轮中间位置,这就是检测输出轴角度的传感器	
6	回看电路,电路中有三个引脚接到传感器上	
7	拆下电路板后,露出里面的检测元件。该元件是一个电位器通过旋钮可以改变电位器的阻值。至此,拆解完毕	

2. 舵机常见故障的解决方法

无人机舵机常见故障的解决方法见表4-18。

表4-18　无人机舵机常见故障的解决方法

故障描述	故障原因	维修操作说明
炸机后,舵机电动机旋转、舵盘摇臂不受控制、摇臂打滑	齿轮缺齿	更换舵机齿轮
炸机后,舵机反应迟钝、发热,但能接收遥控器指令	舵机的电流超过其额定范围	拆下电动机后发现电动机空载电流很大,更换新电动机

（续）

故障描述	故障原因	维修操作说明
炸机后,驱动舵机无反应	舵机电子回路断路、接触不良或舵机的电动机、电路板的驱动部分烧毁	先检查插头、引线等是否短路,如没有短路,可卸下电动机并测试其空载电流。如空载电流正常,说明是舵机电子控制板故障,更换舵机电路板上的贴片晶体管即可
舵机摇臂只能朝一个方向转动,另外一个方向不动	说明舵机电动机是好的,应检查电子控制板	更换舵机电路板上的贴片晶体管
舵机后通电,向一个方向转动后就卡住不动,舵机发出"吱吱"声响	说明舵机电动机的正负极或电位器的端线接反	将电动机的两个接线交换方向即可
新购置舵机通电后,舵机剧烈抖动,通过遥控器操控摇臂后,舵机一切正常	说明舵机在出厂时装配不当或齿轮精度不够	卸下舵机后盖,将减速齿轮分离,在齿轮之间挤点牙膏,安装舵机齿轮顶盖,拧紧减速箱螺钉后,安装舵机摇臂。用手反复旋转摇臂碾磨金属舵机齿轮,直至齿轮摩擦噪声减小,将齿轮卸下,用汽油清洗,装好齿轮并上硅油而后组装好舵机
舵机不停抖舵,排除无线电干扰下,驱动摇臂仍抖动	电位器老化	更换电位器

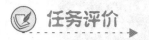

任务评价

对于无人机舵机的检测与维修任务，请按照表 4-19 所列评价内容与标准进行任务评价。

表 4-19 无人机舵机的检测与维修任务评价

评价模块	评价内容	得分
知识模块（30%）	复述无人机舵机的结构组成（10分）	
	复述无人机舵机的工作原理（10分）	
	熟知无人机舵机的作用（10分）	
能力模块（50%）	正确拆卸 MG995 型无人机舵机（10分）	
	正确安装 MG995 型无人机舵机（15分）	
	正确使用用万用表检测无人机舵机电位器的阻值（15分）	
	正确排除无人机舵机的常见故障（10分）	
素养模块（20%）	遵守安全操作规范（10分）	
	按流程要求实施任务（10分）	
总分		

项目5
无人机飞控的维修
与故障处理

 **项目描述**

　　无人机的飞行控制系统简称飞控，可以看作是无人机的"大脑"，它能发送各种指令、处理各部件传回的数据，用于保证无人机飞行的稳定性和可操纵性，提高完成任务的能力。多旋翼无人机的飞行、悬停、姿态变化等都是由多种传感器将无人机本身的姿态数据传给飞控，再由飞控通过运算和判断下达指令，由执行机构完成动作和调整飞行姿态。由于多旋翼无人机本身是一种不稳定系统，要对各个电动机的动力进行超高频率地调整和动力分配，才能实现稳定悬停和飞行。对于航拍无人机来说，即使是最简单的放开摇杆让无人机自主悬停的动作，也需要飞控持续监控并进行一系列"串级控制"，才能做到稳定悬停。很简单的动作，其在无人机飞控系统里面的运算却是非常复杂的。如果无人机飞控系统能实时地进行故障监控与故障诊断，就能大幅降低飞行事故发生的概率。飞控系统可以监控如振动、电压、电流、温度、转速等各项飞行状态参数，并通过这些监控特征信号进行故障诊断。

　　本项目以无人机常用的开源飞控为载体，主要介绍 APM 飞控的维修与故障解决方法、Pixhawk 飞控的维修与故障解决方法、其他开源飞控的维修等内容。

任务 5.1　APM 飞控的维修与故障解决

 **任务目标**

1. 知识目标

1）了解无人机飞控的作用。

2）熟悉无人机飞控的分类。

3）熟悉无人机常用开源飞控系统的特点。

4）熟悉无人机 APM 飞控的结构和性能特点。

5）掌握无人机 APM 飞控的维修方法。

2. 能力目标

1）能够认识 APM 飞控的各种接口。

2）读懂 APM 飞控硬件框图并熟悉各组件的功能。

3）能够正确连接 APM 飞控的外接设备。

4）能够对 APM 飞控进行维修。

5）能够正确排除无人机 APM 飞控的常见故障。

3. 素养目标

1）通过对 APM 飞控故障维修方法探索，培养自主创新意识与职业素养。

2）通过排除 APM 飞控故障，培养较强的安全、质量、效率及环保意识。

3）通过小组协作完成任务，培养齐心协力、密切配合的团队精神。

 任务分析

　　无人机飞行控制系统是无人机完成起飞、空中巡航飞行、执行任务和返场回收等整个飞行过程的核心系统，飞控对无人机的作用相当于驾驶员对有人机的作用，是无人机最核心的技术之一。无人机飞行控制系统可实现的功能主要有无人机姿态稳定和控制、无人机任务设备管理、无人机应急控制等。

　　本任务介绍了认识飞控的类型、常用开源飞控系统、APM 飞控的结构、APM 飞控的性能特点、APM 飞控的外接设备等知识，同时完成 APM 飞控板的接口维修与 APM 飞控的常见故障的解决方法等操作。

知识储备

5.1.1　飞行控制系统

　　无人机飞控是指能够稳定无人机飞行姿态，并能控制无人机自主或半自主飞行的控制系统。无人机飞控系统一般包括传感器（IMU、磁罗盘、GPS 模块等）、主控单元、执行器（舵机、电子调速器等）、遥控器、电源管理单元 PMU 等，如图 5-1 所示。

　　根据概念的不同，可将飞控分为广义飞控和狭义飞控。广义飞控是无人机飞控子系统的简称；狭义飞控则具体指飞控系统的飞控板。

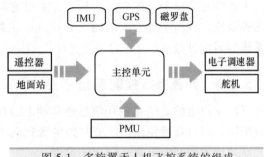

图 5-1　多旋翼无人机飞控系统的组成

　　飞控子系统是无人机完成起飞、空中飞行、执行任务、返场回收等整个飞行过程的核心系统，对无人机实现全权控制与管理。飞控子系统主要具有如下功能。

　　1）稳定与控制无人机飞行姿态。

　　2）与导航子系统协调完成航迹控制。

　　3）控制无人机起飞（发射）与着陆（回收）。

　　4）管理无人机飞行。

　　5）管理与控制无人机任务设备。

　　6）应急控制。

　　7）收集与传递信息。

　　飞控系统通过高效的控制算法内核能够精准地感应并计算无人机的飞行姿态等数据，再通过主控制单元实现精准定位悬停和自主平稳飞行。

5.1.2　飞行控制系统的分类

　　根据飞控板核心微处理器芯片、源码、厂家等因素的不同有多种分类。

1）根据源码是否开放开源，可将飞控分为开源飞控和商业飞控。开源飞控有 APM、MWC、CC3D 等；商业飞控有大疆飞控、零度飞控等。

2）根据核心处理器的不同，可将飞控分为 Arduino 系列飞控、FlyMaple 飞控、STM32 系列飞控、PIX 系列飞控。

3）根据产地的不同，可将飞控分为国内产飞控和国外产飞控。国内产飞控有大疆、NAZA 飞控等；国外生产的有 EAGLE N6 飞控、FF 飞控、FC1212-S 飞控、FY 飞控、PPZ 飞控等。常用无人机飞控的性能对比见表 5-1。

表 5-1　常用无人机飞控的性能对比

飞控名称	陀螺仪	自稳	定高	姿态控制	GPS	调试难度	操控难度
KK	有	无	无	无	无	简单	难
QQ	有	有	无	无	无	简单	难
MWC	有	有	有	未知	可加装	难	简单
APM	有	有	有	未知	可加装	难	简单
NAZA	有	有	有	有	可加装	简单	简单

主控单元是整个飞控系统的核心，通过它将 IMU、GNSS 指南针、遥控接收机等设备接入飞控系统，从而实现无人机的所有功能。主控单元能通过 USB 接口进行飞行参数的调节和系统的固件升级。

5.1.3　开源飞行控制系统

开源飞控指的是建立在开源思想基础上的自动飞行控制器项目，是一种公开通用的源代码数据库，可以免费使用。一套初级的源代码不可能适用于所有飞行器，因此开源飞控在后续产品的维护和开发上存在一定的难度。

应用较多的无人机开源系统虽技术研发门槛低，但自身存在系统成熟度低、机型适配程度低、安全等级低、功能同质化和易受干扰等问题，同时受限于底层算法，技术上限较低，无法满足工业级无人机所需的对深度细分场景的应用适配能力。

自研飞控指的是自主开发设计的飞控系统原始代码数据库，其涉及导航、力学、控制、软件、硬件、算法等多个专业领域，对专业的要求跨度比较大。自研飞控系统的研发设计是对关键技术进行重重把关，设计与验证并重、反复迭代的一个复杂过程，在多专业融会贯通、集智攻关的过程中，实现无人机硬件系统与软件系统的完美匹配，具备较高的安全性和稳定性。

第一代开源飞控系统使用 Arduino 或其他类似开源电子平台为基础，扩展连接各种 MEMS 传感器，能够让无人机平稳地飞起来，主要特点是模块化和可扩展能力，第一代飞控都是 8bit 微处理器。第二代开源飞控系统大多拥有自主开源硬件、开发环境和社区，采用全集成的硬件架构，主要特点是高度集成、高度可靠，其功能已经接近商业自动驾驶仪，采用的是 32bit 微处理器。第三代开源飞控系统在软件、人工智能以及云应用方面进行创新，加入图像识别、自主避障、自动跟踪飞行等高级飞行功能，向机器视觉、集群化、开发过程平台化的方向发展。常见开源飞控有 APM 飞控、Pixhawk 飞控、MWC 飞控等。

5.1.4 APM 飞行控制系统

1. APM 飞控的结构

自动驾驶仪（ardu pilot mega，APM）飞控是由 DIY 无人机社区（DIY Drones）推出的飞控产品，是当今很成熟的开源硬件项目。APM 是基于 Arduino 的开源平台，对多处硬件做了改进，包括加速度计、陀螺仪和磁力计组合惯性测量单元（IMU）。由于 APM 良好的可定制性，通过开源软件 Mission Planner 可以配置 APM 的设置，接受并显示传感器的数据。目前 APM 飞控已经成为开源飞控成熟的标杆，可支持多旋翼、固定翼、直升机等无人设备，如图 5-2 所示。

图 5-2　APM2.8 开源飞控

APM 支持固定翼、直升机、三旋翼、四旋翼、六旋翼飞行器。APM 以 AT-MEGA2560 微处理器为主要架构，硬件包括三轴陀螺仪、三轴加速度计、测量高度的空气压力传感器（空压计）、10Hz GPS 模块、监视电池状态的电压传感器等数据记录存储器自动记录任务数据并可导出 KML 格式、内建硬件失效处理器（在失控时可以返回出发点），也可选三轴磁力计、空速传感器、电流传感器。建立在 Arduino 平台上的 APM 飞控板等同于一个 Arduino 单片机，可直接在 Arduino 开发环境下开发。APM 飞控组成和功能见表 5-2。

表 5-2　APM 飞控组成与功能

组件名称	组成	功能
飞控主芯片	ATMEGA1280/2560	主控芯片
PPM 解码芯片	ATMEGA1280/2560	负责 PWM 信号监测，便于在手动模式和其他模式之间切换
GPS 导航模块	Lea-5h 或 GPS 模块	测量无人机当前的经纬度、高度、航迹方向、地速等信息
三轴磁力计模块	HMC5843/5883 模块	测量无人机当前的航向
空速计	MPXV7002 模块	测量无人机空速
空压计	BMP085 芯片	测量空气压力，以用于换算成高度
惯性测量单元	双轴或单轴陀螺仪、三轴加速度计	测量三轴角速度、三轴加速度、配合三轴磁力计或 GPS 测得方向数据进行校准，实现方向余弦算法，算出无人飞机飞行姿态
AD 芯片	ADS7844 芯片	将输出的模拟电压转换成数字信号，以供后续计算

APM2.8 飞控是市面上用得比较多的一版本，有直针和弯针两款。APM 飞控的主芯片为 ATMEGA1280/2560 芯片，APM 飞控程序开发语言为 C 语言，APM 地面站软件可使用 Mission Planner、QGround Control 等。

APM 飞控硬件框架如图 5-3 所示，APM 飞控板如图 5-4 所示。

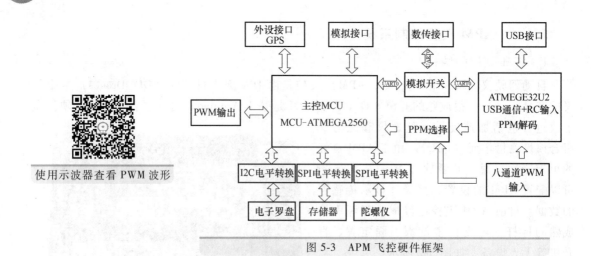

图 5-3　APM 飞控硬件框架

使用示波器查看 PWM 波形

图 5-4　APM 飞控板

1—数传接口　2—模拟传感器接口　3—增稳云台输出接口　4—ATMEGA2560 SPI 在线编程接口（可用于光流传感器）
5—USB 接口　6—遥控输入　7—功能选择跳线　8—GPS 接口　9—IIC 外接罗盘接口
10—ATMEGE32U2 SPI 在线编程接口　11—多功能可配置 MUX 接口（默认为 OSD 输出）
12—电流/电压接口　13—电调供电选择跳线　14—电调输出接口

2. APM 飞控的特点

APM 飞控是免费的开源程序，支持多种载机。ArduPlane 模式支持固定翼飞机，Arduco-per 模式支持直升机与多旋翼（包括三轴、四轴、六轴、八轴等），ArduRover 模式支持地面车辆。APM 飞控具有以下特点。

1）人性化的图形地面站控制软件，通过一根 Micro_USB 线或者一套无线数传连接，使用鼠标单击操作就可以进行设置和下载程序到控制板的 MCU 中，无须掌握编程知识，不用下载线等其他硬件设备。

2）地面站任务规划器支持上百个三维航点的自主飞行设置，且只需通过鼠标在地图上单击操作即可。

3）基于强大的 MAVLink 协议，支持双向遥测和实时传输命令。

4）多种免费地面站可选，包括 Mission Planner、HK GCS 等，还可以使用智能移动通信设备上的地面站 APP，地面站中可实现任务规划、空中参数调整、视频显示、语音合成和查看飞行记录等。

5）可实现自动起飞，自动降落，航点航线飞行，自动返航等多种自驾仪性能。

6）完整支持 Xplane 和 Flight Gear 半硬件仿真。

3. APM 飞控的外接设备

（1）GPS 的使用　APM 飞控默认支持 MTK 和 UBX 协议输出的 GPS，使用 AT-MEGA2560 的 1 号串口进行连接，在 APM 主板上已经特别标注这个接口，默认波特率为38400bit/s。一般购买的成品 APM 专用 GPS 直接插上就可以使用，如果非 APM 飞控专用的 GPS 则需要修改对应的 APM 飞控的波特率和输出协议数据线的连接遵循"TX 对 RX，RX 对 TX"的原则。GPS 与 APM 正确连接后，APM 板上的蓝色 LED 灯会亮起，没定位前是闪烁状态，定位以后常亮。APM 飞控需搜到五颗星以上的卫星信号，才显示定位信息。

（2）外置罗盘的使用　外置罗盘使用的是 IIC 接口，因其使用的 IIC 总线跟内置罗盘的 IIC 总线是同一条总线，故使用外置罗盘时需将内置罗盘的总线断开，否则两个罗盘都接在 IIC 总线上会引起冲突。新版的 V2.8.0 只要拔掉 mag 跳线帽即可，如图 5-5 所示。

拔掉跳线帽
屏蔽内置罗盘

图 5-5　外置罗盘的使用

（3）电流计的使用　电流计一般是在 FPV 飞行中用于显示地面站上或者 OSD 屏幕上的电流和电压，也可以用于电压低的失控保护。连接好电流计后还需要在 MP 中配置电流计传感器端口、配置显示内容、配置电压传感器端口等参数。

（4）OSD 的使用　在新版 V2.8.0 中，OSD 的连接可以使用 MUX 接口。在使用 MUX 接口时，需要把飞控板背面的 OSD 焊盘连接三根线即可，即 APM 飞控的 VCC 端、GND 端、TX（对应 OSD 上的 RX）端。APM 飞控使用的是需要支持 MAVLink 协议的 OSD，连接好 OSD 后还需要配置 OSD。

（5）数传的使用　APM 飞控使用数传通信时，需使用支持 MAVLink 协议的全双工数传，普通数传无法使用。推荐使用 3DR 数传，在使用 3DR 数传时，MP 的连接波特率为 57600bit/s。使用数传连接时，除了不能下载固件外，其他与使用 USB 线基本无异。数传与 USB 线不能同时使用，USB 处于连接状态时，数传接口会被自动切断。

任务准备

为完成无人机 APM 飞控的维修与故障处理任务，需要分组准备材料和工具。每组准备实训室平时使用的多旋翼无人机、APM 飞控。此外，还需要准备不同型号镊子、焊锡膏、螺钉旋具、热风枪、飞控连接线、3S 锂聚合物电池、气吹、万用表、测电器、遥控器、接收机、APM 飞控结构图等。

任务实施

1. 维修 APM 飞控板接口

维修无人机 APM 飞控板接口的方法见表 5-3。

表 5-3　维修无人机 APM 飞控板接口的方法

操作步骤	操作说明	示意
1	查看已脱落的 APM 飞控的 Android USB 接口	
2	用洗板水清洗接口。将焊锡涂抹在需要位置。切记不要太多，否则焊锡连在一起易引起短路	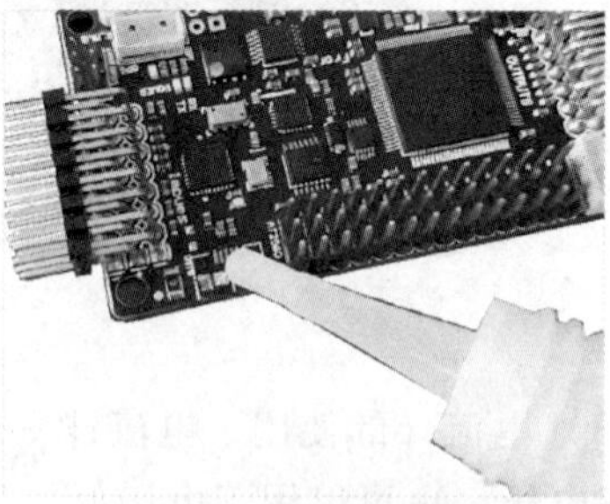
3	使用热风枪吹热焊锡的同时,用镊子固定住 USB 接口,确保 USB 接口位置正确	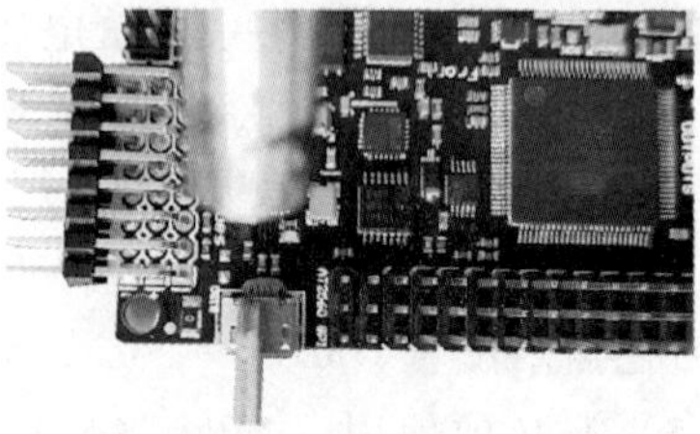

（续）

操作步骤	操作说明	示意
4	USB 接口固定好后,测试 APM 飞控亮灯是否正常,如果 USB 接口连接后绿灯亮,则说明一切正常,否则说明连接有问题	

2. APM 飞控常见故障的解决方法

（1）无人机起飞瞬间突然转头　解决措施如下。

1）检查螺旋桨是否安装反,各机臂上正反桨的安装严格按照官方 APM 飞控指示图配置。

2）检查电动机转向。卸下螺旋桨,查看官方 APM 飞控的电动机转向设置。

3）地面站软件测试无人机基本动作。APM 飞控连接地面站,测试无人机俯仰、横滚、偏航是否正确。

（2）推遥杆,无人机无法起飞　解决措施如下。

1）检测电池电量,确保电池有充足的电量。

2）检查螺旋桨的旋转方向。如果螺旋桨的旋转方向反了,推摇杆时无人机会倾倒。

3）检查是否完成了电调行程校准。必须完成电调行程校准,且先校准遥控器、后校准电调。

（3）无人机起飞瞬间发生侧翻　解决措施如下。

1）检查螺旋桨的旋转方向是否正确。

2）检查 APM 飞控与电调接线是否正确。电调信号线与 APM 飞控连接的线序是否正确,以 X 型四旋翼无人机为例,右前为电动机一,左后为电动机二,左前为电动机三,右后为电动机四,不能弄错顺序。

3）检查电动机转向。卸下螺旋桨,严格按照官方 APM 飞控的电动机旋转方向检查。

4）重新校准电调行程。如果电调的行程不同,可能导致某些电动机先起动。

5）检查 APM 飞控安装方向。检查飞控指向是否安装正确,是否安装方向颠倒或者在参数中设置了飞控的旋转。

任务评价

对于 APM 飞控的维修与故障解决任务,请按照表 5-4 所列评价内容与标准进行任务评价。

表 5-4　APM 飞控的维修与故障解决任务评价

评价模块	评价内容	得分
知识模块 (30%)	复述无人机飞行控制系统的概念(10分)	
	复述常用开源飞行控制系统的类型(10分)	
	熟知 APM 飞控的结构(10分)	
能力模块 (50%)	正确识别多旋翼无人机 APM 飞控的各接口(10分)	
	正确维修四旋翼无人机 APM 飞控板 USB 接口(15分)	
	正确排除多旋翼无人机 APM 飞控的常见故障(15分)	
	正确识别多旋翼无人机 APM 飞控的引脚(10分)	
素养模块 (20%)	遵守安全操作规范(10分)	
	按流程要求实施任务(10分)	
总分		

任务 5.2　Pixhawk 飞控的维修与故障解决

任务目标

1. 知识目标

1）了解无人机 Pixhawk 飞控的结构。

2）熟悉多旋翼无人机 Pixhawk 飞控的各接口与引脚定义。

3）熟悉多旋翼无人机 Pixhawk 飞控的接线方法。

4）掌握无人机 Pixhawk 飞控的维修方法。

2. 能力目标

1）能够认识 Pixhawk 飞控的各接口。

2）读懂 Pixhawk 飞控硬件框图并熟悉各组件的功能。

3）能够正确连接 Pixhawk 飞控的外接设备。

4）能够对 Pixhawk 飞控的故障进行维修。

5）能够正确排除无人机 Pixhawk 飞控的常见故障。

3. 素养目标

1）通过严格操作要求，培养学生的安全生产的意识和诚实守信的职业习惯。

2）通过排除飞控故障，培养认真负责、科学严谨的工作态度和精益求精、开拓创新的工匠精神。

3）通过以小组为单位完成任务，培养团结协作的合作意识。

任务分析

Pixhawk 飞行控制技术可以自动规划和控制无人机的方向、定位和速度，并能够根据需要使无人机沿设置好的无限制路标点自主飞行。Pixhawk 飞控处理器适应性十分强大，可以加入其他传感器、输入信号和命令，可以合理规划所有复杂的输入数据，包括根据常数和不可预测的环境参数对相机的角度进行实时调整。Pixhawk 飞控具有强大的功能、可靠的性能，得到广大用户的青睐。

本任务介绍了 Pixhawk 飞控的功能、Pixhawk 飞控的接口、Pixhawk 飞控指示灯含义等知识，在此基础上完成 Pixhawk 飞控 GPS 接口维修和 Pixhawk 飞控常见故障的解决方法等操作。

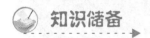

5.2.1　Pixhawk 飞控介绍

Pixhawk 开源飞控是硬件厂商 3DR 推出的飞控系统，它采用了目前现行标准的 32bit ARM 处理器。第一代产品是 PX4 系列，它分为飞控处理器 FMU 和输入/输出接口板 IO，由于没有统一外壳导致其不好被固定，属于实验版本。经过简化结构后，把 FMU 和 IO 整合到一块飞控板上，统一的外壳优化了硬件和走线，属于第二代 Pixhawk 产品。Pixhawk 开源飞控具有如下特点。

1. 硬件透明

Pixhawk 飞控的结构合理，几乎所有的总线、外设都会引出，不但为以后兼容一些其他外部设备做考量，而且对有开发能力的用户更为有利。Pixhawk 飞控是双处理器，一个擅长于强大运算的 32 bit STM32F427 Cortex M4 核心 168 MHz/256 KB RAM/2 MB Flash 处理器，还有一个主要定位于工业用途的协处理器 32 bit STM32F103，其特点就是安全稳定。对于陀螺仪、加速度计、气压计等传感器，用户可以查阅官网上有硬件板的 PCB 图与原理图网址。

2. 结构复杂

Pixhawk 开源飞控比商业飞控系统复杂，包括软件、外设接口等，如果不具备相关知识，恐怕很难上手，这对大多数人来说，确实是一个障碍。

3. 安全性和实用性

Pixhawk 开源飞控有两套固件系统，一套是 APM 移植过来的 APM Copter，另一套则是由 ETH Zurich 的计算机视觉与几何实验室的 PIXHAWK 项目，并得到了自主系统实验室和自动控制实验室的支持，同时包括 APM Copter、3D Robotics 和 international 3DR distributors 的开发人员专门为 PX4 系列开发的固件系统。经实测两套固件都能实现稳定飞行。

5.2.2　Pixhawk 飞控的接口

在 Pixhawk 飞控的接口中 PPM 总线或者 Futaba S. BUS 接收线（黑色地线、红色电源线和白色信号线）接在 RC 接口。S. BUS 接口是给 Futaba S. BUS 预留的。Spektrum DSM、DSM2 或 DSMX 卫星接收机可连接 SPKT/DSM 接口，把从（3DR）分线板引出的红黑两根线接在 Pixhawk 的任意一个地线（"−"，黑线）和电源线（"+"，红线）输出引脚。对于无人机，将信号线从 PDB 板引出与 Pixhawk 上其对应信号引脚相连。把每个电动机的信号线与对应的信号引脚相连。飞控接口和布线如图 5-6 和图 5-7 所示。

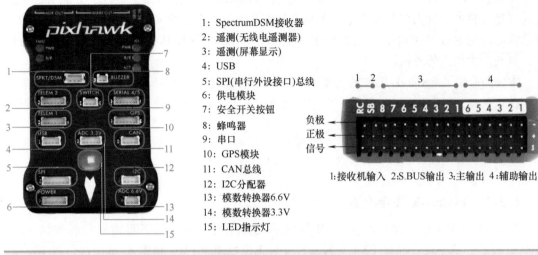

1：SpectrumDSM接收器
2：遥测(无线电遥测器)
3：遥测(屏幕显示)
4：USB
5：SPI(串行外设接口)总线
6：供电模块
7：安全开关按钮
8：蜂鸣器
9：串口
10：GPS模块
11：CAN总线
12：I2C分配器
13：模数转换器6.6V
14：模数转换器3.3V
15：LED指示灯

负极
正极
信号

1:接收机输入 2:S.BUS输出 3:主输出 4:辅助输出

图 5-6　Pixhawk 飞控接口

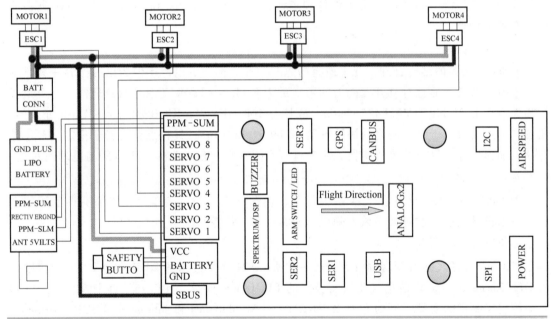

图 5-7　Pixhawk 飞控布线

5.2.3　Pixhawk 指示灯的含义

红灯和蓝灯闪：初始化中，请稍等。

黄灯双闪：错误，系统拒绝解锁。

蓝灯闪：已加锁，GPS搜索中。自动导航、悬停及返回出发点模式需要 GPS 锁定。

绿灯闪：已加锁，GPS 锁定已获得，准备解锁。从加锁状态解锁时，会有快速的两次响声提示。

绿灯长亮加单次长响：GPS 锁定并且解锁。

黄灯闪：遥控故障保护被激活。

黄灯闪加快速重复响：电池故障保护被激活。

黄灯蓝灯闪加高-高-高-低响：GPS 数据异常或者 GPS 故障保护被激活。

安全开关指示灯快速持续闪烁：执行系统自检中，请稍等。

安全开关指示灯间歇闪烁：系统就绪，按安全开关以激活系统，系统就绪。

安全开关指示灯常亮：已经准备好解锁，可以执行解锁程序，电动机输出启用（无人机现在可以解锁）。

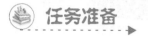

任务准备

为完成无人机 Pixhawk 飞控的检测与维修任务，需要分组准备材料和工具。每组准备实训室平时使用的多旋翼无人机、Pixhawk 飞控。此外，还需要准备不同型号镊子、焊锡膏、螺钉旋具、热风枪、飞控连接线、3S 锂聚合物电池、气吹、万用表、遥控器、接收机、Pixhawk 飞控接口说明、Pixhawk 飞控板 GPS 接口定义说明等材料和工具。

任务实施

1. 维修 Pixhawk 飞控 GPS 接口

维修无人机 Pixhawk 飞控 GPS 接口的方法见表 5-5。

表 5-5　维修无人机 Pixhawk 飞控 GPS 接口的方法

操作步骤	操作说明	示意
1	无人机炸机导致 Pixhawk 飞控的 GPS 支架折断、GPS 插座损坏，仔细查看受损部件	
2	找到 Pixhawk 飞控的 GPS 接口定义，根据接口定义使用万用表检测接口电压	

（续）

操作步骤	操作说明	示意
3	使用电烙铁将 GPS 接口焊接在飞控板上。焊接完成后,使用万用表检测接口电压,确保正常	
4	在维修好的飞控板上插入 GPS 连接线进行测试,GPS 的指示灯亮,说明识别到 GPS 了	

2. Pixhawk 飞控常见故障的解决方法

（1）黄灯闪烁,无法解锁 Pixhawk 飞控　在尝试解锁 Pixhawk 飞控时,在地面站 MissionPlanne 的姿态界面中显示拒绝解锁的原因,以此可快速锁定问题。故障解决方法如下。

1）检查初始设置是否全部完成。

① 机架类型是否已经设置。

② 加速度计是否已经校准。

③ 指南针是否已经校准。

④ 遥控器是否已经校准,各通道的正反设置是否正确。

⑤ 在 PosHold、Loiter 模式下,如果 GPS 没有定位或者定位不佳,则无法解锁。

⑥ 电调是否校准成功。

2）是否连接了安全开关。如果连接了安全开关,使用遥控器解锁前需要长按安全开关。如果没有安全开关,则需要禁用安全开关,在全部参数列表中将 "BRD_SAFETYENABLE" 设为 "0"。

3）Pixhawk 飞控已经解锁,但电调未工作。此时应确认以下问题。

① 是否只给飞控供电,而未给电调供电。

② 检查电调信号线是否断开,或者信号线插反。

（2）电台连接失败　在 Pixhawk 飞控的地面站软件的全部参数列表中, "BRD_SER1_RTSCTS" 和 "BRD_SER2_RTSCTS" 两个参数控制着飞控连接电台的串口是否开启流控制。

0 表示不开启，1 表示开启，2 表示自动检测。默认是"2"，即"自动检测"。自动检测的原理是在 Pixhawk 飞控初始化时，先假设使用流控制，然后收发一些数据测试，如果测试不通过，则认为不开启。解决办法是将这两个参数均设为"0"。

（3）无人机悬停定高不好　如果无人机悬停定高是缓慢的高度变化，并且变化范围在 0.5m 以内，可认为正常。因为 Pixhawk 飞控对自身高度的估计主要来源于气压高度计，而气压随着气温会发生缓慢变化，再加上旋翼气流影响以及各种测量噪声，Pixhawk 飞控对自己的高度估计会缓慢变化，从而导致高度控制出现漂移。如果想提高定高效果，需考虑添加相对高度计，如超声波、毫米波雷达、激光测距仪等。

（4）无人机无法定点

1）通过地面站确认已经成功切换到 PosHold 或者 Loiter 模式，应反复确认。

2）GPS 信号差，如果周围环境有严重遮挡，GPS 定位会出现较大幅度的漂移，进而导致无人机无法定点。解决方法是将无人机放置在空旷无遮挡的区域再进行测试。

3）遥控器有偏移值。要么没有校准遥控器，要么不小心拨动了遥控器微调，要么温度变化导致遥控器行程飘移，在摇杆处于中位时飞控收到的是向一边打杆的控制指令，需要重新校准遥控器后再试。

4）磁航向不正。磁罗盘未校准、磁罗盘倾斜或磁罗盘受到干扰，导致 Pixhawk 飞控对机头方向的估计与实际航向不一致，在位置控制时出现俗称的刷锅飞行情况，解决方法如下。

① 确认 GPS 的安装方向是否正确。

② 主供电线上的直线电流产生环行磁场、电动机内的磁铁等干扰磁罗盘。如果有外置磁罗盘，应关闭内置磁罗盘并保证外置磁罗盘远离主供电线、电池、电动机等干扰源。

任务评价

对于 Pixhawk 飞控的维修与故障解决任务，请按照表 5-6 所列评价内容与标准进行任务评价。

表 5-6　Pixhawk 飞控的维修与故障解决任务评价

评价模块	评价内容	得分
知识模块 （30%）	复述无人机 Pixhawk 飞控接口定义（10 分）	
	复述无人机 Pixhawk 飞控引脚定义（10 分）	
	熟知无人机 Pixhawk 飞控指示灯含义（10 分）	
能力模块 （50%）	正确识别多旋翼无人机 Pixhawk 飞控的各接口（10 分）	
	正确识别多旋翼无人机 Pixhawk 飞控的引脚（15 分）	
	正确维修四旋翼无人机 Pixhawk 飞控板 GPS 接口（15 分）	
	正确排除多旋翼无人机 Pixhawk 飞控的常见故障（10 分）	
素养模块 （20%）	遵守安全操作规范（10 分）	
	按流程要求实施任务（10 分）	
总分		

任务 5.3 其他开源飞控的维修

任务目标

1. 知识目标

1）了解无人机 MWC 飞控的结构。

2）熟悉无人机开源飞控 MWC 的各接口与引脚定义。

3）熟悉无人机开源飞控 MWC 的接线方法。

4）掌握无人机 MWC 飞控的调试方法。

2. 能力目标

1）能够认识 MWC 飞控的各接口。

2）读懂 MWC 飞控硬件框图并熟悉各组件的功能。

3）能够正确连接 MWC 飞控的外接设备。

4）能够对 MWC 飞控的故障进行维修。

5）能够正确排除无人机 MWC 飞控的常见故障。

3. 素养目标

1）以无人机开源飞控技术为切入点，建立不畏艰险、勇于担当的责任感。

2）通过维修后的质量和性能须符合要求训练，培养精益求精的工作作风。

3）遵循安全操作规范，培养实事求是的工作精神，切实履行职业责任。

任务分析

　　MWC（multi wii copter）飞控是一款典型的 Arduino 衍生产品，是专门为多旋翼开发的低成本飞控，它完整地保留了 Arduino IDE 开发和 Arduino 设备升级和使用的方法。MWC 飞控的成本低、架构简单、固件比较成熟，因此在国内外拥有大量使用者。除了支持常见的四旋翼、六旋翼和八旋翼无人机外，该飞控的最大特点是支持很多奇特的飞行器类型，如三旋翼、阿凡达飞行器等，使得 MWC 飞控的开发趣味性较强，受到使用者的喜爱。

　　本任务介绍了 MWC 飞控的特点、MWC 飞控的硬件特征、MWC 飞控的调试工具、MWC 飞控的外接设备等知识，在此基础上完成 MWC 飞控电路图绘制、开源飞控降压模块维修等操作。

知识储备

5.3.1　MWC 飞控的特点

　　MWC 不是指硬件产品，而是开源固件。此固件的原创作者是来自法国的 Alex，他为了打造自己的 Y3 飞行器而开发了最初的 MWC 固件。现在 MWC 可以支持更广泛的硬件平台、外围设备及更多飞行模式，MWC 飞控如图 5-8 所示。

MWC 飞控通常有两种版本：ATMEGA328P 版本和 ATMEGA2560 版本。

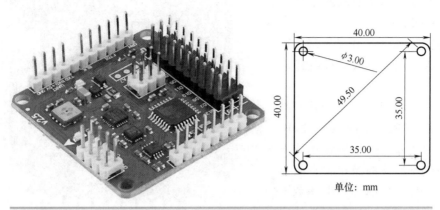

图 5-8　MWC 飞控

MWC 飞控具有以下特点。

1）优化布局，信号输入/输出接口位置更合理。有 FTDI 保护设计，防止外部供电与 USB 供电冲突。

2）可更换性能更好的陀螺/加速度一体化六轴传感器。

3）用专用 IIC 电平转换 IC。带有 IIC（5V）接口可连接 IIC-GPS 导航板/OLED 显示屏等外接设备。

4）尺寸紧凑，可装在微小机架上，也可通过 CRIUS 分电板转换成标准的 45mm 安装孔距。

5.3.2　MWC 飞控的硬件特征

CRIUS MWC MultiWii SE V2.5 硬件有以下特征。

1）ATMEGA328P 单片机、MPU6050 数字三轴陀螺与三轴加速度传感器（自稳用）。

2）BMP085 气压传感器（锁定高度用）、HMC5883L 三轴数字磁阻传感器（电子罗盘，锁定航向用）。

3）3.3V 超低噪声电源稳压器、高亮度状态指示 LED、PCA9306DP1 专用 IIC 电平转换 IC。

4）FTDI 接口带有保护用的二极管及 500mA 自恢复保险丝。

MWC 固件支持的硬件平台有：MWC 固件用 Arduino IDE 来编写，支持 Arduino 发布的几种主要 AVR 开发板（Pro Mini/Pro Micro/Mega 等），也支持使用 STM32 的 Arduino 兼容平台，但 STM32 目前无法体现出任何性能与端口上的优势，所以仍以 AVR 为主流，成熟且稳定，其接口说明如图 5-9 所示。

5.3.3　MWC 飞控的调试工具

1）连接 FTDI，用 USB 线连接计算机，运行 GUI 软件工具调试，这也是最初设置飞控时的方法。

2）连接蓝牙模块，用智能移动设备（Android 系统）、便携式计算机等设备调试，相应的软件工具是 Multi Wii Configurator。

3）使用机载 OLED 显示屏，可显示飞控状态或者进入编程模式调试参数。

MWC 与其他开源方案相比，具有调试方法直观、飞行稳定性好、故障率低的优点。但是不建议从未接触过多轴飞行器的操作者直接选用此飞控，因为 MWC 的 PID 参数不容易调到完美状态，且参数受外部因素影响较为敏感，增加了调试的困难。MWC 飞控适合喜欢高性价比

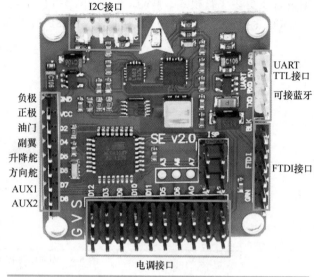

图 5-9　MWC 飞控的接口

且一定多轴飞行器相关的使用经验或者知识积累的人员选用。

5.3.4　MWC 飞控的外接设备

1）蓝牙调参模块：用智能移动设备（Android 系统）、便携式计算机等设备调试参数。

2）OLED 显示屏模块：可作为机载状态/参数显示器，也可搭配遥控器调试参数。

3）IIC-GPS 导航板：328P 飞控可通过它连接 GPS，用于定点/自动返航以及航点飞行功能。

4）GPS：用于定点/自动返航。

5）OSD：FPV 必备，可显示飞控与 GPS 数据。

6）数传模块：APC2XX/Xbee/3DR Radio 等，用于遥测功能。

7）光流模块：用于定点飞行。

8）声呐模块：用于低空高精度定高飞行。

MWC 飞控板与电调连接：电调红色信号线为+5V、黑色为 GND、白色为 PPM 信号。按照机头方向将四个电动机分为左前（沿顺时针方向旋转）、右后（沿顺时针方向旋转）、右前（沿逆时针方向旋转）、左后（沿逆时针方向旋转）。

5.3.5　F 系列飞控

常用的开源飞控是 F 系列飞控，F 系列飞控都采用了 STM32 芯片。根据发展阶段和版本迭代，有 STM32F1XX、STM32F3XX、STM32F4XX、STM32F7XX、STM32H7XX 等不同系列，例如 STM32F411、STM32F722 等。F4 飞控如图 5-10 所示。

STM32F411CEU6 是 CORTEX-M4 的内核的 STM32 单片机芯片的一个型号，采用 STM32F411CEU6 作为主控芯片的飞控俗称 F4 飞控，同理还有 F1，F3，F7 和 H7 等，都是采用了 STM32 的不同型号的芯片作为主控芯片的飞控，F 系列飞控基本信息对比见表 5-7。F4 V3 飞控的 PCB 图、稳压电路原理和 Micro USB 接口电路图如图 5-11～图 5-13 所示。

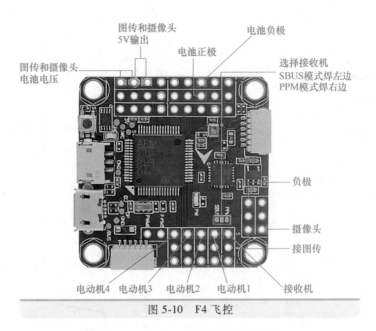

图 5-10　F4 飞控

表 5-7　F 系列飞控的基本信息对比

处理器型号（MCU）	运算频率（Freq）	串口数量（UART）	闪存容量（Flash）	发布年份
F103（STM32F103CBT6）	72MHz	2	128KB	2007
F303（STM32F303CCT6）	72MHz	3	256KB	2012
F405（STM32F405RGT6）	168MHz	3~5	1MB	2011
F411（STM32F411）	100MHz	2	512KB	2011
F745（STM32F745VG）	216MHz	5~6	1MB	2014
F722（STM32F722RE）	216MHz	5	512KB	2014
F765（STM32F765）	216MHz	5~6	2MB	2014
H750（STM32H750）	480MHz	9	128KB	2022

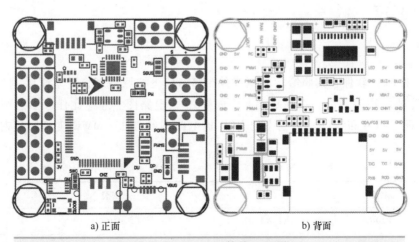

a) 正面　　　　　　　　　　　　b) 背面

图 5-11　F4 V3 飞控的 PCB 图

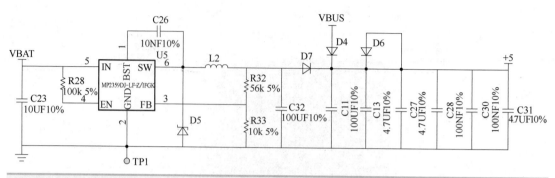

图 5-12　F4 V3 飞控的稳压电路图

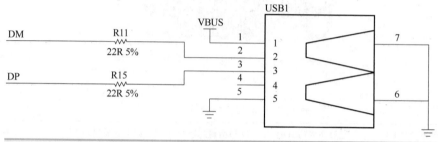

图 5-13　F4 V3 飞控的 Micro USB 接口电路图

任务准备

为完成无人机 MWC 飞控的检测与维修任务，需要分组准备材料和工具。

每组准备实训室平时使用的多旋翼无人机、MWC 飞控。此外，还需要准备不同型号镊子、焊锡膏、螺钉旋具、热风枪、飞控连接线、3S 锂聚合物电池、万用表、遥控器、接收机、MWC 飞控接口说明、立创 EDA 标准板软件、MWC 飞控电路图等。

任务实施

1. 绘制 MWC 飞控电路图

利用立创 EDA 软件，按照给定的图样绘制 MWC 飞控原理图，并基于绘制的原理图利用 EDA 软件进行 PCB 布线，在此基础上生成 PCB 板电路图。通过此任务熟悉利用 EDA 软件绘制电路图、PCB 布线以及生成飞控 PCB 板电路图的方法。MWC 飞控原理对应的 BOM 见表 5-8。

表 5-8　MWC 飞控原理对应的 BOM（物件清单）

序号	名称	位号	封装	数量
1	P10-G	A1, A2, D7	P10-G	3
2	100N	C1, C2, C3	603	3

（续）

序号	名称	位号	封装	数量
3	47U	C4	1206	1
4	30PF	C5,C6	603	2
5	104	C7,C9	C0805-Z	2
6	MICRO-USB-BF-5P	CN2	MICRO-USB-B_5P-FEMALE_A01SB	1
7	PWR	D,DX,RX	LED0805-R-RD	3
8	5V	D1,D2,D3,D4	SOD-323_L1.8-W1.3-LS2.5-RD	4
9	ICSP-6	ICSP	ICSP-6	1
10	1k	R1,R3	R0805	2
11	1K	R2	R0805	1
12	ATMEGA328P-AU	U1	TQFP-32_7X7X08P	1
13	CH340C	U2	SOP-16_L10.0-W3.9-P1.27-LS6.0-BL	1
14	MPU6050-W	U3	MPU6050-W	1
15	16MHZ	X1	HC-49S	1

各视角的 PCB 板电路图和 MWC 飞控电路图如图 5-14 和图 5-15 所示。

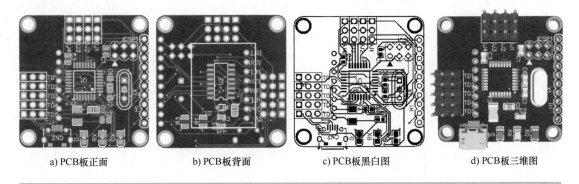

a) PCB板正面   b) PCB板背面   c) PCB板黑白图   d) PCB板三维图

图 5-14   各视角 PCB 板电路图

2. 维修 F4 开源飞控板

F4 开源飞控接通电源后没反应，LED 灯亮，但连接计算机后仍无反应。无人机 F4 开源飞控板的维修方法见表 5-9。

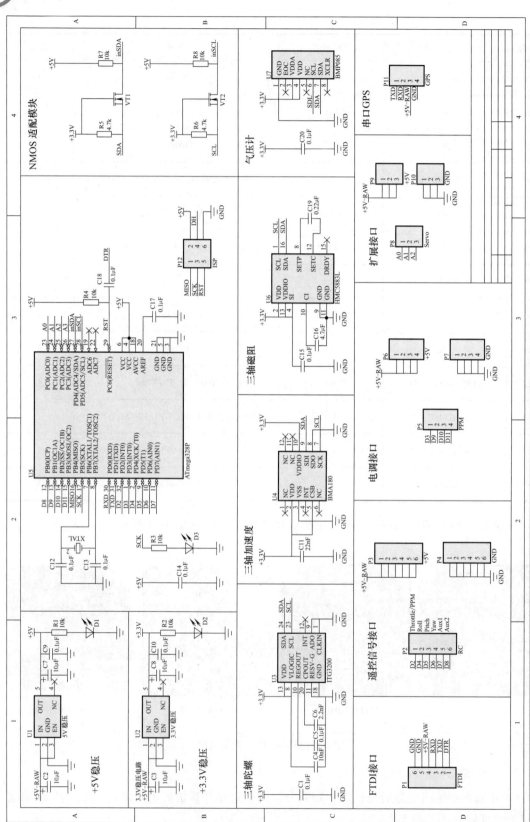

图 5-15 MWC 飞控电路图

表 5-9　F4 开源飞控板的维修方法

操作步骤	操作说明	示意
1	检测 F4 飞控降压芯片的 3.3V 输出引脚到 GND 引脚的电阻。飞控的降压模块中有三个降压管,分别为单片机、OSD 芯片及排线接口供电	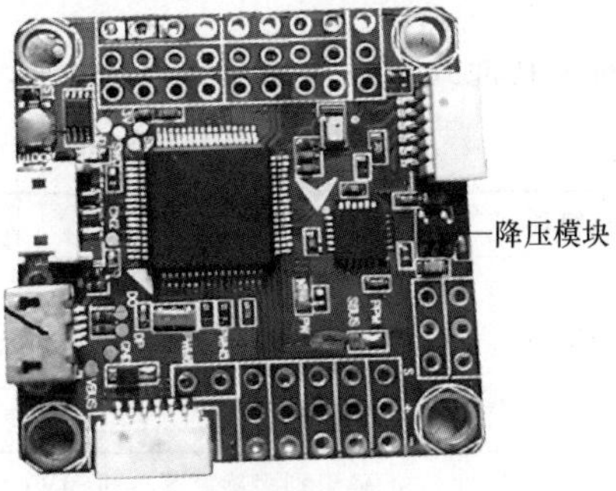 降压模块
2	先拆下损坏的单片机,如果不拆除则无法检测降压管的电压	
3	接通电源检测降压管的电压,如果电压不是 3.3V,说明降压管损坏,更换损坏的降压管	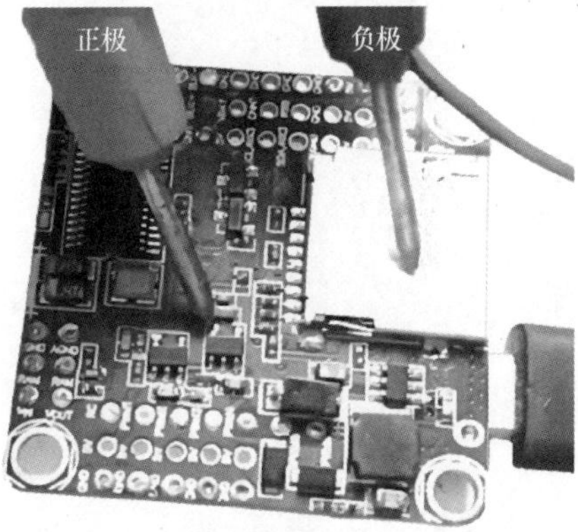 正极　负极
4	更换降压管后,检测所有降压管的电压,如果均正常(3.3V),则将单片机焊好。焊接单片机后灯还是不亮,说明单片机损坏,需要换新	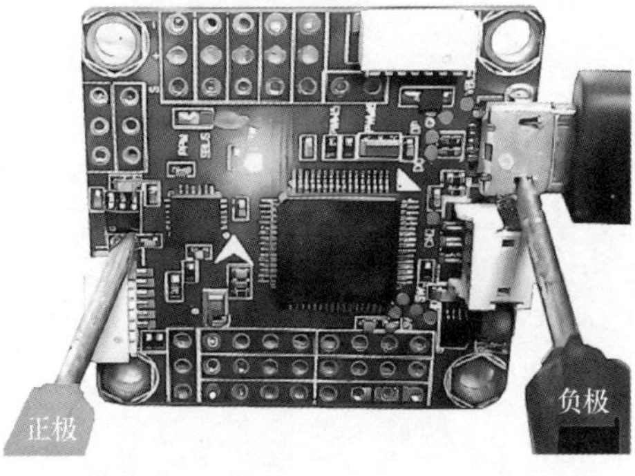 正极　负极

 任务评价

对于其他开源飞控的维修任务，请按照表 5-10 所列评价内容与标准进行任务评价。

表 5-10 其他开源飞控的维修任务评价

评价模块	评价内容	得分
知识模块 （30%）	复述无人机 MWC 飞控的特点（10 分）	
	复述无人机 MWC 飞控的硬件特征与外接设备（10 分）	
	熟知无人机 MWC 飞控的调试工具（10 分）	
能力模块 （50%）	正确识别多旋翼无人机 MWC 飞控的各接口（10 分）	
	正确绘制 MWC 飞控电路图（15 分）	
	正确排除多旋翼无人机 F4 飞控的常见故障（15 分）	
	正确识别多旋翼无人机 MWC 飞控的引脚（10 分）	
素养模块 （20%）	遵守安全操作规范（10 分）	
	按流程要求实施任务（10 分）	
总分		

项目6

无人机链路系统的检测与维修

项目描述

　　无人机数据链是一个多模式的智能通信系统，能够感知其工作区域的电磁环境特征，并根据环境特征和通信要求，实时动态地调整通信系统工作参数（通信协议、工作频率、调制特性和网络结构等），达到可靠通信或节省通信资源的目的。无人机属于精密设备，任何部件的微小变动都会影响其飞行状态和使用寿命。为保证飞行安全，使其持续工作在最佳状态，需要日常检查无人机设备，排除发现的异常和故障，可大幅提升无人机设备的可靠性，降低安全隐患，延长使用寿命。在无人机日常检查过程中，需耐心细致地完成每一项检查内容，不能忽略每一个细节，否则有可能带来不必要的损失。

　　本项目以无人机图传设备、接收机和遥控器等设备为载体，主要介绍无人机图传设备的维修、无人机接收机检测与维修、无人机遥控器维修等内容，并根据不同设备的特点设置了实操任务。

任务 6.1　无人机图传设备的维修

任务目标

1. 知识目标

1）了解无人机通信链路的特性。

2）掌握无人机数传设备的工作原理。

3）掌握无人机图传设备的类型。

4）了解无人机图传设备常用的频段。

2. 能力目标

1）能够认识和区别无人机数传设备和图传设备。

2）能够认识和区别无人机数传设备和图传设备的天空端和地面端。

3）能够正确使用常用的无人机数传设备和图传设备。

4）能够对无人机常用的图传设备进行维修。

3. 素养目标

1）通过对维修方法和技术的持续探索，培养探索未知、勇攀高峰的精神品质。

2）通过维修任务，培养严谨细致、认真负责的职业精神。

任务分析

　　无人机链路系统是无人机系统的重要组成部分，是飞行器与地面系统联系的纽带。其主要任务是建立一个空、地双向数据传输通道，用于完成地面控制站对无人机的远距离遥控、遥测和任务信息传输。遥控实现对无人机设备进行远距离操作，遥测实现对无人机状态的监测。无人机图传设备采用适当的视频压缩技术、信号处理技术、信道编码技术及调制解调技术，将无人机所搭载的摄像机拍摄到的现场视频以无线方式实时传送到远距离地面站的一种无线电子传输设备。

本任务介绍了无人机通信链路的概况、无人机数传设备及其工作原理、无人机图传设备的类型、常用频段以及无人机图传设备选择方法等，同时需要完成图传设备的维修操作。

 **知识储备**

6.1.1　无人机通信链路

无人机通信链路是指用于多旋翼无人机系统传输控制和载荷通信的无线电链路，是无人机与地面操作人员之间沟通的桥梁。通信链路的主要构成包括地面端与天空端。地面端需要将控制信号以及任务指令发送给无人机（天空端），无人机则需将无人机设备的状态发送到地面端。

无人机数据链按照传输方向的不同可分为上行链路和下行链路，如图 6-1 所示。上行链路主要完成地面站到无人机遥控指令的发送和接收，下行链路主要完成无人机到地面站的遥测数据（飞行控制）以及视频图像（图传）的发送和接收，并根据定位信息的传输，利用上、下行链路进行测距，数据链性能直接影响无人机设备的性

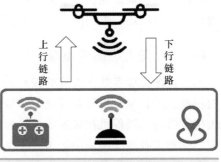

图 6-1　无人机数据链

能。多旋翼无人机地面操作人员不仅要控制无人机，还应了解无人机的飞行状态及无人机设备的状态，这就要求地面端能够接收天空端的数据，这类无人机需要上行链路和下行链路两条数据链。

衡量无人机数据链性能有以下因素。

1）具有跳频扩频功能。跳频组合越高，抗干扰能力越强，一般的设备能做到几十、几百个跳频组合。

2）具有存储转发功能。

3）具有数据加密功能。使用数据传输的可靠性提高，防止数据泄密。

4）具有高速率。无人机数据链属于窄带远距离传输的范畴。

5）具有低功耗、低误码率和高接收灵敏度。由于无人机采用电池供电，而且传输距离又远，因此要求设备具有低功耗，高接收灵敏度。

6.1.2　无人机数传设备

数传又称电台，是用于飞控和地面站之间的数据传输的超视距链路设备。数传是由发送端、接收端一对设备构成，与地面站相连接的称为地面端，与无人机相连接的称为天空端，天空端设备较小、较轻，而地面端设备较大，如图 6-2 所示。

数传的基本原理是调制调解器通过无线方式工作，调制调解器没有拨号功能，但其能和无线电台直接相连接，无线电台的作用相当于中间媒介，使得无线电波可以顺利发送和接

收。无线调制调解器可以使二进制信号调制成无线电波在电台之间传输。调制调解器所接收的源信号以及目的信号决定信号转化过程的属性。二进制信号以串行方式传至调制调解器，之后转化为音频信号，调制调解器将这些声音加载至无线电台上传输，接收端装有兼容调制调解器，将接收的信号转化成二进制信号，然后传送给计算机。

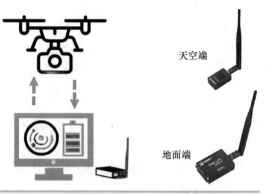

民用无人机通信链路的地面终端硬件一般会被集成到控制站系统中，称为地面电台，部分地面终端会有独立的显示控制界

图 6-2　数传设备的地面端与天空端

面。视距内通信链路地面天线采用鞭状天线、八木天线和自跟踪抛物面天线，需要进行超视距通信的控制站还会采用固定卫星通信天线。

6.1.3　无人机图传设备

更换图传设备

无人机图传设备是无人机的核心组成部件，它的主要功能是采用适当的视频压缩技术、信号处理技术、信道编码技术及调制解调技术，将无人机所搭载的摄像机拍摄到的现场视频以无线方式实时传送到远距离后方的一种无线电子传输设备，分为发射、接收两部分。

1. 无人机图传设备的类型

无人机图传设备可分为模拟图传和数字图传。数字图传所传输的视频质量和稳定性都远优于模拟图传。模拟图传即模拟图像传输，是指对时间（包括空间）和幅度连续变化的模拟图像信号做信源和信道处理，通过模拟信道传输或模拟记录装置实现存储的过程。数字图传即数字图像传输，是指数字化的图像信号经信源编码和信道编码，通过数字信道（电缆、微波、卫星和光纤等）传输或通过数字存储、记录装置存储的过程。

2. 无人机图传设备的构成

在无人机场景中，通常将位于机载平台上的图传模块称为天空端，位于地面控制站的图传模块称为地面端，单向大码流数据的通信方向为天空端到地面端。数据从天空端到地面端是通过 IP 网口支持大码流数据发送的，可用于视频通信等业务，同时通过控制接口支持独立的控制信道，可用于控制信息的通信。数据从地面端到天空端是通过 IP 网口支持小码流数据发送的，可与天空端 IP 网口的数据形成双向通信，同时通过控制接口支持控制信息。

3. 无人机图传常用频段

根据《中华人民共和国无线电频率划分规定》及我国频谱使用情况，规划 840.5～845MHz、1430～1444MHz 和 2408～2440MHz 频段用于无人驾驶航空器系统。此外，为追求穿透力会选择 433MHz 这个开放性频段，但是较难满足高清图传的带宽要求，由于其成本低，天线易小型化，便携易安装，因此成为业余无线电中最为拥挤的频段，应用环境相对较为混乱。1.2GHz 频段的波频最连贯，大多传输器都可处理主、辅两种波频，大多 1.2GHz 信号的发射器都不受温差相位漂移的影响，也是微波无线视频传输器里最适合陆对陆传输的，但是 1.2GHz 在世界上大多数地方属于管制频段，不同领域需要了解清楚相关使用政策。

对于高频图传，常见频段是 5.8GHz。目前在 5.8GHz 工作的设备很少，这个频段相对比较纯净，干扰少，可以在一定程度上弥补穿透力的不足。但有利有弊，频率越高电子元器件的造价越高，对天线等精度要求越高，更容易发热，对靠近发射机的导磁体比低频更敏感，做成大功率更为困难等。

4. 无人机图传设备的选择

目前市面上全高清图传的制式和分辨率主要有 1080i 和 1080p 两种，其常用帧率又可分为 25f/s、30f/s、50f/s 和 60f/s 四种，带宽也基本分为 4MHz、6MHz 和 8MHz 三种，实际码流速度为 2~12Mb/s，端到端的传输延迟也基本在 400~1200ms 之间，1W 发射功率的有效传输距离从几百米到 20km 左右不等。即使是全高清级别的图传，就其传输制式、带宽、帧率实际码流速度、传输延迟、有效传输距离方面来说也是有很大差别的。由于 i/p 制式（隔行/逐行）、帧率、图像实际码流速度、图传传输延迟及有效传输距离等指标的不同，在观看回传视频或实际应用时，图像的流畅度、图像大动态场景变化、图像色彩过渡的柔和度及环境的适应性等方面仍有很大差别。

1）分辨率方面。目前数字图传的分辨率已经可以达到 4K 像素，在画面质量上有了质的飞跃。如果没有图传，无人机不可能快速地发展。图传就像是无人机的眼睛。

2）画面压缩和传输带宽方面。当传输带宽不够或者网络状态不佳的情况下，会降低画面质量，以保证数据安全传输。数字图传在一个较低的网络传输带宽下，会选择降低画面质量或者增加传输延迟来解决。但有些产品已经能在低网络环境下采用跳帧的方式来解决此问题。

3）画面中断方面。画面中断指的是在达到图传传输极限距离时，画面的一种表现形式。一般可以理解为画面直接黑屏，当发生这种情况时，需要检查地面站是否和遥控器连接成功，可以尝试重新插拔一下 USB 接口。如果不行，则观察无人机云台是否在工作，遥控器能否控制云台摄像头等。如果都没问题，需要检查图传的排线是否松动。有时也可能是固件问题，可以尝试升级固件或降级处理。

4）图传遇到干扰。数字图传信号传输达到距离极限或者受到干扰，首先会丢帧，然后画面会直接黑屏。无人机图传设备的选择，可按照不同的型号和功率等级，可以分别支持空地 30km、50km、80km、100km、200km 等中远距离传输场景，也可以支持 30M 以上的超大带宽数据回传的通信场景。根据实际应用场景需求，可配置全向天线或定向天线及天线伺服转台实现传输目标。

🍳 任务准备

为完成无人机图传设备维修任务，需要分组准备材料和工具。

每组准备平时使用的多旋翼无人机一套、常用图传设备。此外，还需要准备不同型号镊子、焊锡膏、螺钉旋具、热风枪、飞控连接线、3S 锂聚合物电池、万用表、遥控器、接收机等。

任务实施

　　TS832S 图传和锐鹰的 TX600 一样，都是属于模拟图传，如图 6-3 所示。模拟图传的优点是传输距离远，零延时，但它的画质是标清，而不是高清。理论上，TS832S 的最远传输距离可达到 5.5km，但受传输线路和传输质量的制约，使用过程中最好不要超过 3km。传输距离是指分配器对其控制的设备最远传输距离。

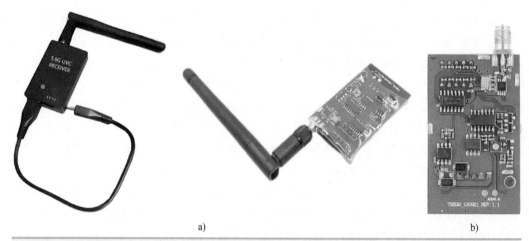

a)   b)

图 6-3　TS832S 图传及其电路板

　　维修无人机 TS832S 图传设备的方法见表 6-1。

表 6-1　维修无人机 TS832S 图传设备的方法

故障描述	维修步骤
为新组装的无人机增加图传设备，购买了 TS832S 图传设备。当把线路连好线后，刚插电，图传电路板就冒白烟	通过观察快速锁定故障元器件 根据 PCB 板上的丝印和元器件形状，推测损坏元器件的类别与型号 通过查询相关元器件的产品手册，了解元器件的主要参数 根据元器件的封装规格、材料、电路板周边情况选择合适的工具与方法进行检测
在图传滤波电容烧毁的情况下，图传设备仍可以工作，但画质变模糊，雪花偏多	用小毛刷将待测贴片电感的两引脚清洁干净。准备万用表，检测电感是否发生短路。选择数字式万用表，将转换开关置于电阻档（200Ω），红、黑表笔分别接在贴片电感的两端。贴片电感两端的电阻为 2Ω，即贴片电感无电路故障。如果万用表无反应，则说明该电感发生短路，其内部已经损坏
使用热风枪拆焊贴片电感	加入少量的助焊剂 将热风枪加热到 330℃，风速为一档。在使用热风枪加热贴片电感引脚的过程中注意其引脚焊锡是否充分熔化，待引脚焊锡充分熔化后，慢慢取下贴片电感 当底部焊盘残留的焊锡比较多时，再次焊装时只需加入少量助焊剂，用镊子夹住贴片电感对齐引脚加热施焊
使用热风枪焊接	加入少量的助焊剂 将热风枪加热到 330℃，风速为 1 档。用镊子夹住电感放置在正确位置后加热焊锡，待焊锡充分熔化后，用镊子动一动贴片电感，让电感与焊锡的接触更加充分，使焊接更加牢固

 **任务评价**

对于无人机图传设备的检测与维修任务，请按照表6-2所列评价内容与标准进行任务评价。

表6-2　无人机图传设备的检测与维修任务评价

评价模块	评价内容	得分
知识模块 （30%）	复述无人机通信链路、无人机数传设备的工作原理（10分）	
	复述无人机图传设备类型（10分）	
	熟知无人机链路常用频段以及无人机图传设备选择方法（10分）	
能力模块 （50%）	正确识别多旋翼无人机常用的接收机的接口（10分）	
	正确连接多旋翼无人机图传设备（15分）	
	正确排除多旋翼无人机图传设备的故障（15分）	
	正确连接无人机链路设备（10分）	
素养模块 （20%）	遵守安全操作规范（10分）	
	按流程要求实施任务（10分）	
总分		

任务6.2　无人机接收机的检测与维修

任务目标

1. 知识目标

1）了解无人机接收机的特性与作用。

2）掌握无人机接收机不同的模式信号传输原理。

3）掌握无人机接收机的供电电压检测方法。

4）了解无人机接收机电池电压的检测方法。

2. 能力目标

1）能够识别无人机常用接收机的各接口。

2）能够正确连接接收机与飞控。

3）能够选择合适的工具，检测接收机的供电电压和电池电压。

4）能够选择合适的工具维修无人机常用接收机。

3. 素养目标

1）通过规范操作方法，培养认真负责、科学严谨的工作态度和精益求精的工作精神。

2）通过较好地完成任务，提升自信心和专业认同感。

3）通过维修无人机接收机，培养保质保优的质量意识。

任务分析

接收机是接收遥控器发出指令的设备，是无人机通信链路中非常重要的部件。在无人机上安装接收机，遥控器发出的信号被接收机收到后转发给飞控。

本任务介绍了接收机的接口、接收机的模式等知识，在此基础上完成接收机供电电压的检测、接收机电池电压的检测、接收机常见故障的排除等操作。

 知识储备

6.2.1 接收机

接收机是接收遥控器发出指令的设备，一般与遥控器配套使用。目前用于无人机设备主流的无线电频率是2.4G，该无线电波的波长更长，可以通信的距离较远，普通2.4G遥控器与接收机的通信距离在空旷的地方大概在1km以内。2.4GHz是一个工作频段（2400Hz～2483MHz），已经成为无线产品的主流传输技术，该频段在全世界免申请使用。2.4G接收机的解析如图6-4所示。

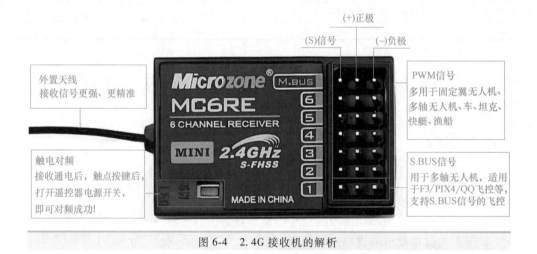

图6-4 2.4G接收机的解析

6.2.2 接收机模式

PWM、PPM、S.BUS都是接收机与其他设备通信的协议。需要注意的是不要将其与遥控器和接收机之间的协议混淆。遥控器和接收机之间会采用某种协议互相沟通，这些协议往往各品牌自有一套且互不兼容。但接收机输出的信号是有通信标准的，这里讨论的就是接收机输出的信号。

1. PWM

PWM 是 pulse width modulation 的缩写，意思是脉宽调制，其信号如图6-5所示。这是一种通用的工业信号，是最常见的控制信号。该信号主要原理是通过周期性跳变的高低电平组成方波来进行连续数据的输出。

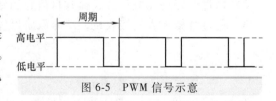

图6-5 PWM信号示意

由于传输过程全部使用满电压传输，非 0 即 1，很像数字信号，因此其拥有了数字信号具备的抗干扰能力。脉宽的调节是连续的，使得它能够传输模拟信号。PWM 信号的发生和采集都非常简单，现在的数字电路使用计数的方法产生和采集 PWM 信号。PWM 信号与电压无关，因此在电压不恒定的条件下不会干扰 PWM 信号的传输。PWM 相对于 PPM 等协议最大的不同在于，它的每条物理连线里只传输一路信号，也就是，需要传输几个通道就需要几组物理连线。

2. PPM（CPPM）

PPM 是 pulse position modulation 的缩写。因为 PWM 每路只能传输一路信号，在分别直接驱动不同设备时没问题。有时不需要直接驱动设备，而是先获取接收机多通道值。要将接收机的信号传输给飞控时，每个通道一组物理连线的方式就显得非常烦琐和没有必要。PPM 简单地将多个通道的数值一个接一个合并进入一个通道，用两个高电平之间的宽度来表示一个通道的值，其信号如图 6-6 所示。

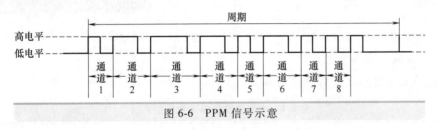

图 6-6　PPM 信号示意

3. S-BUS/S. BUS

S. BUS 的全称是 serial bus，是串行通信协议。S. BUS 是全数字化接口总线，数字化是指该协议使用现有数字通信接口作为通信的硬件协议，而且使用专用的软件协议，这使得该设备非常适合在单片机系统中使用，也就是适合与飞控连接。总线是指它可以连接多个设备，这些设备通过一个 Hub 与这个总线相连，得到各自的控制信息。

S. BUS 使用 RS232C 串口的硬件协议作为自己的硬件运行基础，使用 TTL 电平，即 3.3V；使用负逻辑，即低电平为 1，高电平为 0。

任务准备

为完成无人机接收机检测与维修任务，需要分组准备材料和工具。

每组准备平时使用的多旋翼无人机一套、常用接收机。此外，还需要准备不同型号镊子、焊锡膏、螺钉旋具、电烙铁、飞控连接线、3S 锂聚合物电池、万用表、遥控器、接收机等工具。

任务实施

1. 检测接收机供电电压

检测接收机供电电压的方法见表 6-3。

表 6-3 检测接收机供电电压的方法

<table>
<tr><th>操作步骤</th><th>操作说明</th><th>示意</th></tr>
<tr><td>1</td><td>查看接收机外部标有的供电范围，因为接收机本身并不会转换电压，所以接收机对外供电的电压跟接收机本身没有关系</td><td>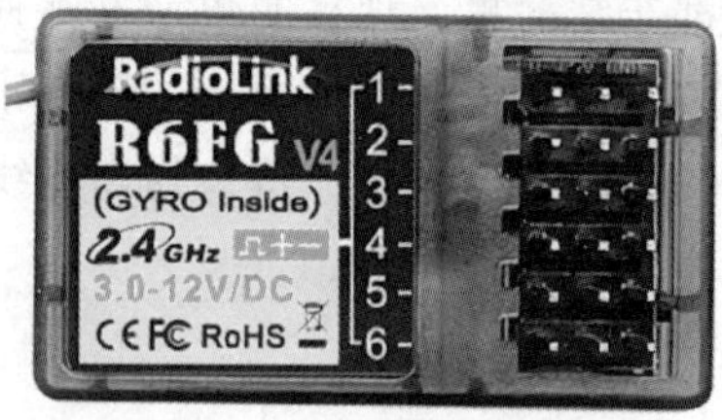
</td></tr>
<tr><td>2</td><td>直接拿一个电源连接在接收机排针上，检测接收机的电压与电流</td><td>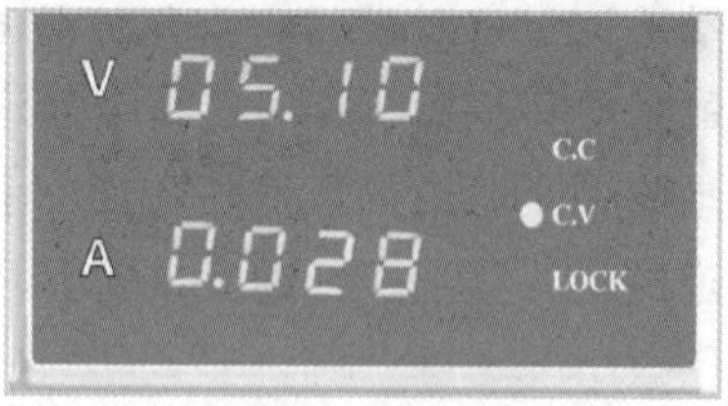
</td></tr>
</table>

2. 检测接收机电池电压

检测接收机电池电压的方法见表 6-4。

表 6-4 检测接收机电池电压的方法

<table>
<tr><th>操作步骤</th><th>操作说明</th><th>示意</th></tr>
<tr><td>1</td><td>接收机的 BVD 功能就是电池电压检测功能，有该功能的接收机外包装有“BVD”标识
先给接收机供电</td><td>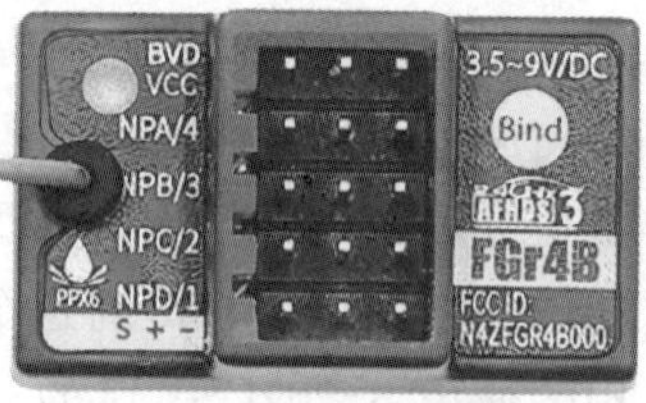
</td></tr>
<tr><td>2</td><td>用一条 BVD 线连接接收机，其中 BVD 线的一端接到接收机上相应的接口，另一端的负极连接到电池平衡头的负极，而正极连接平衡头最顶端的正极</td><td>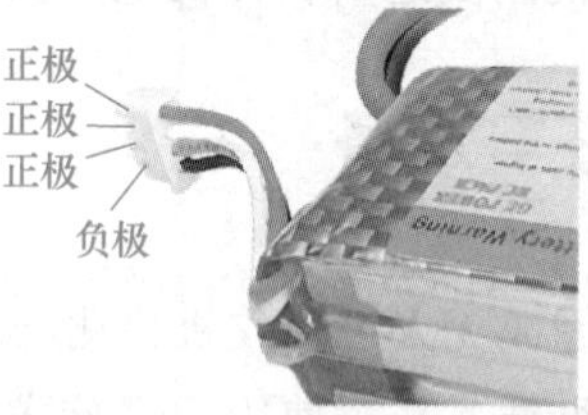
</td></tr>
<tr><td>3</td><td>查看遥控器中显示的 BVD 电压值，该值为与接收机连接的电池电压</td><td>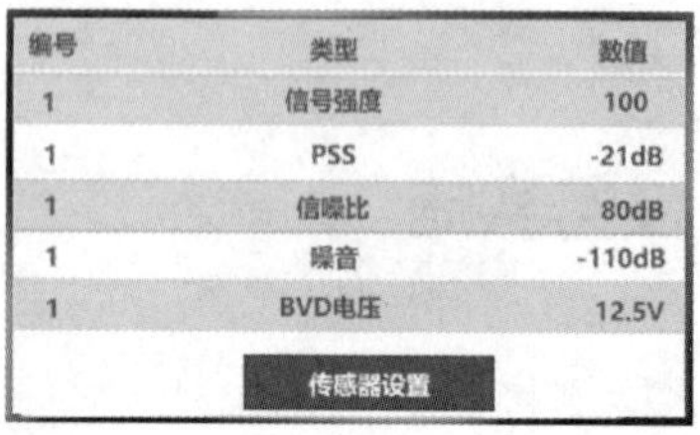
<table>
<tr><th>编号</th><th>类型</th><th>数值</th></tr>
<tr><td>1</td><td>信号强度</td><td>100</td></tr>
<tr><td>1</td><td>PSS</td><td>-21dB</td></tr>
<tr><td>1</td><td>信噪比</td><td>80dB</td></tr>
<tr><td>1</td><td>噪音</td><td>-110dB</td></tr>
<tr><td>1</td><td>BVD电压</td><td>12.5V</td></tr>
</table>
传感器设置</td></tr>
</table>

3. 维修接收机的天线

维修接收机天线的方法见表6-5。

表 6-5　维修接收机天线的方法

操作步骤	操作说明	示意
1	富斯8通道接收机在使用过程中天线有破损坏掉了,需要更换接收机的2.4G天线。查看接收机外观是否有破损	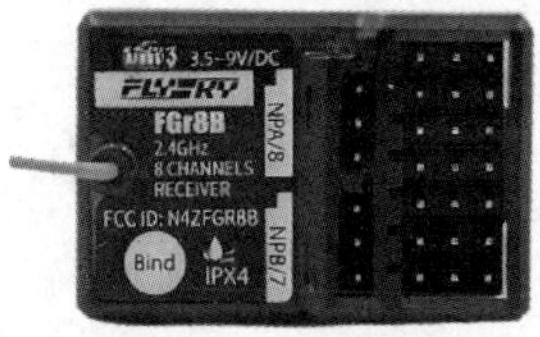
2	使用螺钉旋具拆下接收机外壳,查看电路板,并加热电烙铁,将接收机上的破损天线拆下,并清理拆焊位置的锡渣	
3	更换新的原厂同款天线,用电烙铁将新天线焊接在接收机焊盘上。注意GND和VCC两个引脚不能焊反,也不能相互连接造成短路	

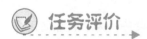

任务评价

对于无人机接收机的检测与维修任务,请按照表6-6所列评价内容与标准进行任务评价。

表 6-6　无人机接收机的检测与维修任务评价

评价模块	评价内容	得分
知识模块 (30%)	复述无人机接收机的信号传输原理(10分)	
	复述无人机接收机的模式类型(10分)	
	熟知正确识别 PWM、PPM、S. BUS 等接收机模式(10分)	
能力模块 (50%)	正确连接多旋翼无人机飞控与接收机(10分)	
	正确检测接收机的供电电压(15分)	
	正确检测接收机的电池电压(15分)	
	正确维修接收机天线(10分)	

（续）

评价模块	评价内容	得分
素养模块 （20%）	遵守安全操作规范（10分）	
	按流程要求实施任务（10分）	
	总分	

任务 6.3　无人机遥控器的维修

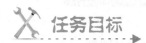

任务目标

1. 知识目标

1）了解无人机遥控器的工作原理。

2）掌握无人机遥控器各按钮功能。

3）掌握无人机遥控器和接收机的对频方法。

4）了解无人机遥控器的控制方式。

2. 能力目标

1）能够识别无人机常用遥控器的各种通道。

2）能够正确对频常用的几种遥控器与接收机。

3）能够选择合适的工具维修遥控器。

3. 素养目标

通过规范操作，形成自觉遵守规则、按章操作、安全生产的意识。

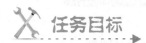

任务分析

遥控器是一种用来远程控制机械的装置，是多旋翼无人机的必备设备。为了熟练使用多旋翼无人机遥控器，需要了解遥控器的基本原理、操作方法、各类遥控器的对频操作。遥控指令是借助摇杆、开关和按钮，经过内部电路的调制、编码，再通过高频信号放大电路由天线将电磁波发射出去。安装无人机上的接收机接收无线电波，将收到的信号进行放大、整形、解码，转换为数字信号发送到无人机的控制器中。一般接收机和遥控器是成套购买使用，同品牌同规格的遥控器与接收机对频后基本都可以使用。

本任务介绍了遥控器的基本原理、遥控器的控制方式等基础知识，同时需要完成几种常用遥控器和接收机的对频、AT9S 遥控器的维修、富斯遥控器的维修等操作。

知识储备

6.3.1　遥控器的基本原理

遥控器主要用于视距内驾驶员对无人机的手控操控，也被称为 RC 遥控，RC 是 radio

control 的缩写，意思是"无线电控制"。遥控器是目前大多数多旋翼无人机必备的一条数据链系统。想要借助遥控器实现与无人机进行通信的功能需要有两部分，即发射器与接收机。遥控发射机就是俗称的遥控器。图 6-7 所示为大疆 MG-1P 遥控器。

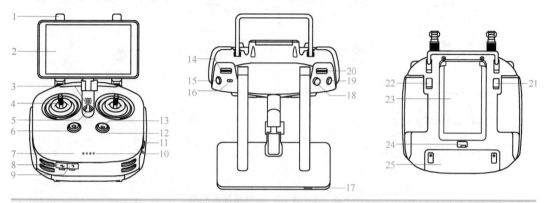

图 6-7　大疆 MG-1P 遥控器

1—天线　2—显示设备　3—扬声器　4—摇杆　5—吊带挂钩　6—电源按键　7—遥控器状态指示灯
8—USB-C 接口　9—音频接口　10—遥控器电量指示灯　11—SD 卡槽　12—返航提示灯　13—返航按键
14—流量调节拨轮　15—喷洒按键　16—急停开关　17—屏幕开关　18—A 键　19—B 键　20—多机控制切换转盘
21—C1 键　22—C2 键　23—电池仓盖　24—电池仓盖锁扣　25—SIM 卡仓盖

6.3.2　遥控器的控制方式

遥控器模式有"美国手"和"日本手"，油门位置在左边是"美国手"，在右边是"日本手"。"美国手"遥控器的左边遥杆上下控制为油门、左右控制为方向舵，右边遥杆的上下控制升降舵、左右控制副翼。"日本手"遥控器的左边遥杆上下控制为升降舵、左右控制为方向舵，右边遥杆的上下控制为油门，左右控制为副翼。

"美国手"遥控器操控方式：左边摇杆控制飞行高度与旋转方向，右边摇杆控制飞行器的前进、后退及左右飞行方向；"日本手"遥控器操控方式：左边摇杆控制飞行器的前进、后退及旋转方向，右边摇杆控制飞行器的飞行高度及左右飞行方向，如图 6-8～图 6-10 所示。

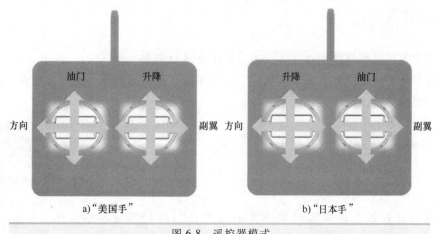

a)"美国手"　　　　　　　　　　b)"日本手"

图 6-8　遥控器模式

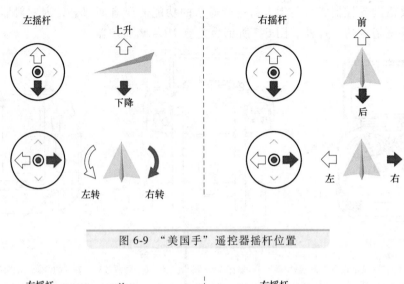

图 6-9 "美国手"遥控器摇杆位置

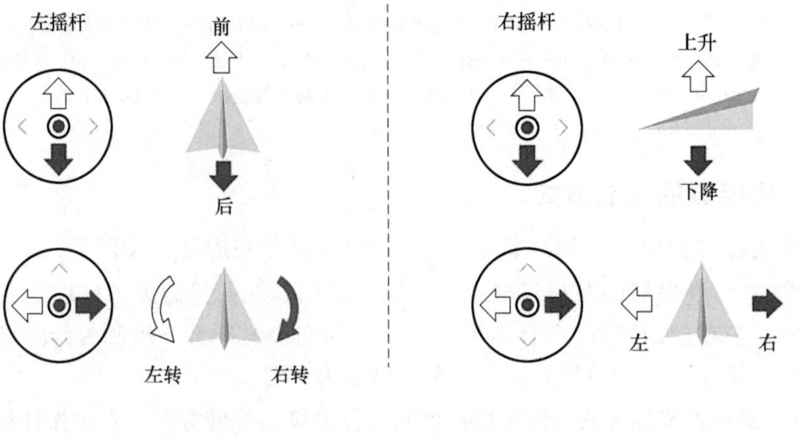

图 6-10 "日本手"遥控器摇杆位置

任务准备

要完成无人机遥控器的维修任务，需要分组准备材料和工具。

每组准备平时使用的多旋翼无人机一套、常用接收机、遥控器。此外，还需要准备不同型号镊子、螺钉旋具、电烙铁、万用表等。

任务实施

1. 遥控器与接收机对频

（1）富斯遥控器与接收机对频　富斯遥控器与接收机对频的方法见表6-7。

富斯遥控器
与接收机对频

表 6-7 富斯遥控器与接收机对频的方法

操作步骤	操作说明	示意
1	将对码线连接到 FS-IA6 接收机上的 B/VCC 接口	
2	将电源线连接到接收机的接口	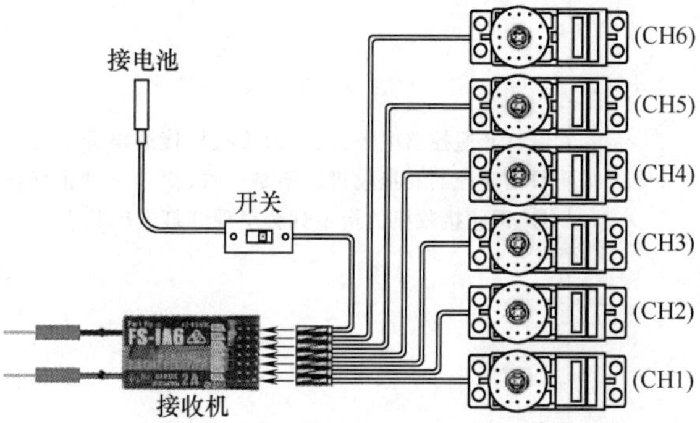
3	打开发射机电源,同时长按发射机"BIND KEY"键,进入对码状态。如果对码成功,则发射机自动退出对码界面	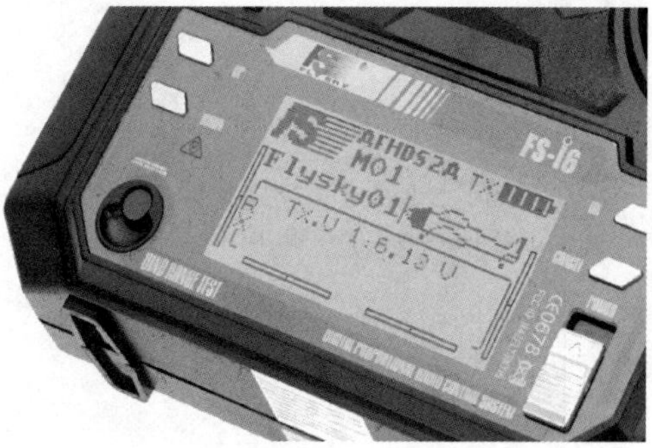
4	对码成功后,将对码线和电源从接收机上断开,然后重新将电源线连接到 B/VCC 接口为接收机供电	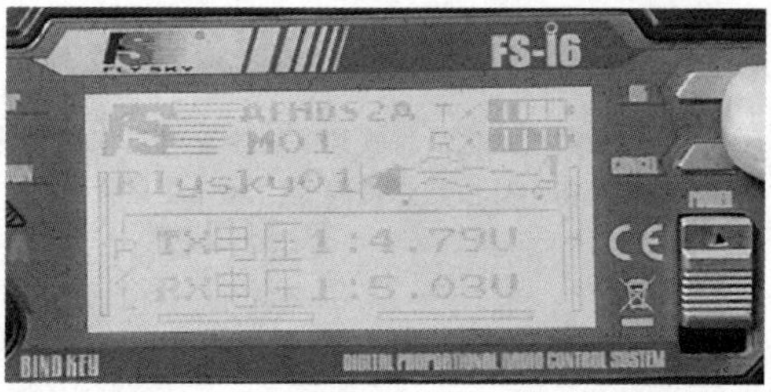

（2）Futaba遥控器与接收机对频　Futaba遥控器与接收机对频的方法见表6-8。

Futaba遥控器
与接收机对频

表6-8　Futaba遥控器与接收机对频的方法

操作步骤	操作说明	示意
1	打开遥控器电源,同时为接收机接通电源。由于目前遥控器和接收机还不是一对,接收不到正确信号,因此接收机的指示灯会呈现红灯慢闪状态	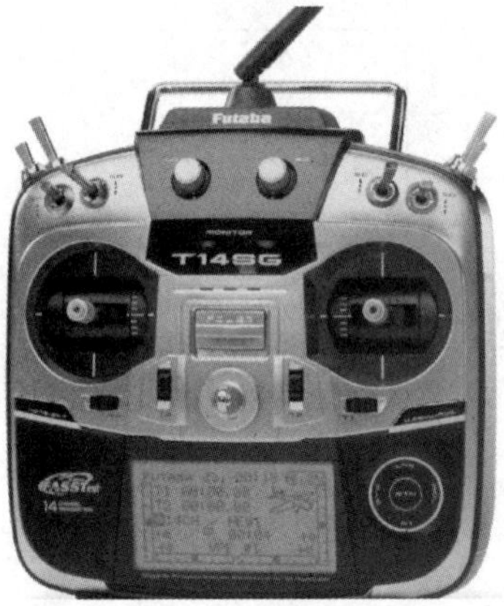
2	此时,接收机断电,将遥控器调到LINK模式,单击菜单后听到"嘀嘀嘀"响声,遥控器进入对频状态	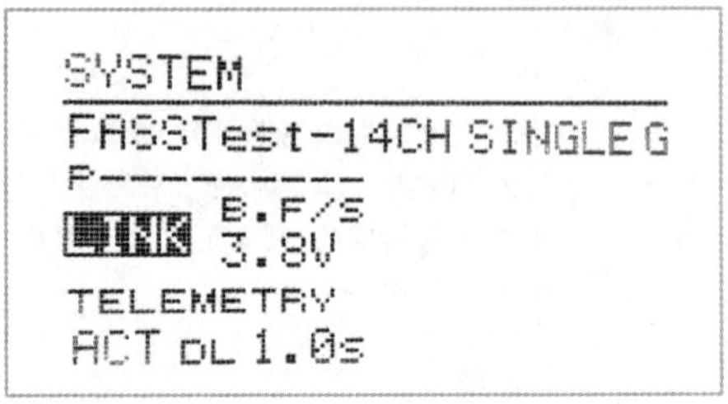 SYSTEM FASSTest-14CH SINGLE G P---------- B.F/s LINK 3.8V TELEMETRY ACT DL 1.0s
3	接收机通电后将收到遥控器发射过来的信号,接收机指示灯由红灯慢闪变为绿灯常亮状态	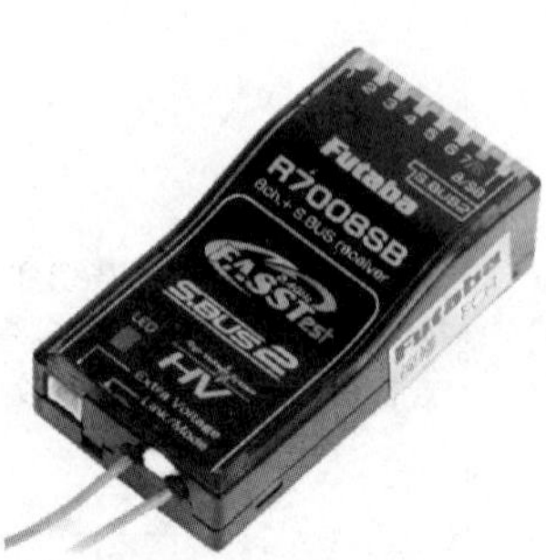

（续）

操作步骤	操作说明	示意
4	关闭遥控器,检查接收机指示灯是否变为黄色。再次打开遥控器电源,如果接收机是绿灯常亮状态,则对频成功 　对频成功后,遥控器菜单界面恢复到初始界面。这时可以开始测试与飞行	

2. 维修 AT9S 遥控器拨杆

遥控器常见故障主要是遥控器发射机手柄故障,主要故障出现在摇杆故障、信号发射模块故障、晶振损坏等方面。遥控器功能时好时坏,则可能与使用时因跌撞而发生损坏有关,应仔细观察印刷电路板上微细的裂痕,补焊即可。维修 AT9S 遥控器拨杆的方法见表6-9。

表 6-9　维修 AT9S 遥控器拨杆的方法

操作步骤	操作说明	示意
1	使用螺钉旋具拧下后盖上的四颗螺钉,拆卸时小心螺钉滑丝损坏遥控器	
2	找到损坏的拨杆,并用电烙铁把损坏的拨杆拆焊下来	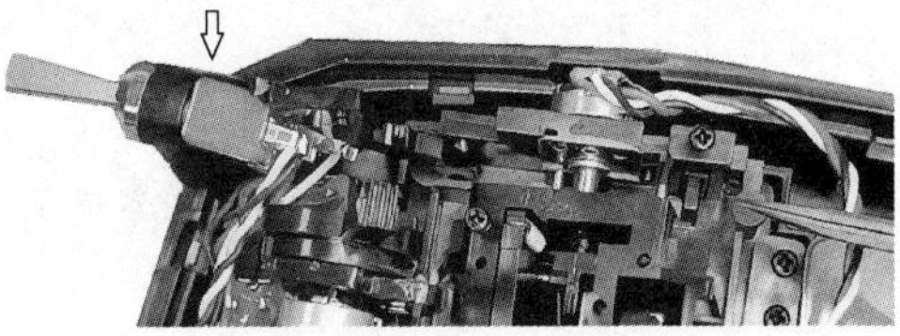

（续）

操作步骤	操作说明	示意
3	将新的拨杆焊接好,并把后盖盖好,拧紧螺钉,装上电池即可	

3. 维修富斯遥控器主板

维修富斯遥控器主板的方法见表 6-10。

表 6-10　维修富斯遥控器主板的方法

操作步骤	操作说明	示意
1	新购置的富斯遥控器连电后冒烟。此时应立即取下电池。用螺钉旋具打开遥控器后盖,发现主板上有一元件烧黑了	 
2	对应原理图与 PCB 板可以看到是 78L05 稳压集成块附近的一个电容被烧毁	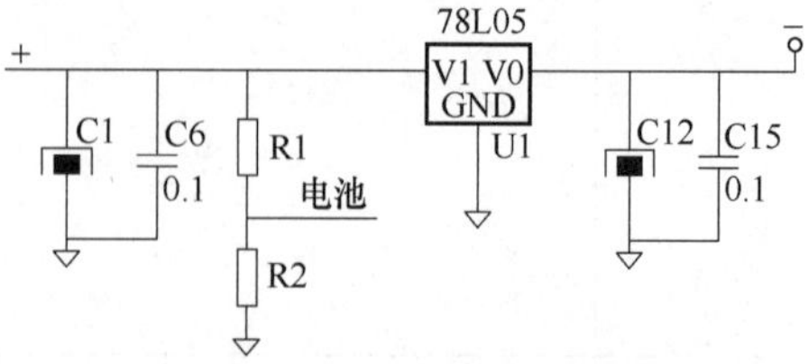
3	经过测试,最后更换了 78L05 稳压集成块和 476A 钽电容,并把后盖盖好,拧紧螺钉,装上电池即可	

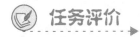 任务评价

对于无人机遥控器的维修任务，请按照表 6-11 所列评价内容与标准进行任务评价。

表 6-11　无人机遥控器维修任务评价

评价模块	评价内容	得分
知识模块 （30%）	复述无人机遥控器的基本原理（10 分）	
	复述无人机遥控器的控制方式（10 分）	
	熟知无人机遥控器通道设置的方法（10 分）	
能力模块 （50%）	正确识别多旋翼无人机常用的遥控器的通道类型（10 分）	
	正确识别多旋翼无人机常用的遥控器各按钮（15 分）	
	正确对频多旋翼无人机常用的遥控器和接收机（15 分）	
	正确维修多旋翼无人机常用遥控器（10 分）	
素养模块 （20%）	遵守安全操作规范（10 分）	
	按流程要求实施任务（10 分）	
总分		

参 考 文 献

[1] 孙毅. 无人机驾驶员航空知识手册 [M]. 北京：中国民航出版社，2014.

[2] 孙毅. 1+X 无人机驾驶初级 [M]. 北京：高等教育出版社，2020.

[3] 于坤林. 无人机概论 [M]. 北京：机械工业出版社，2019.

[4] 于坤林. 无人机维修技术 [M]. 北京：航空工业出版社，2020.

[5] 符长青，曹兵. 多旋翼无人机技术基础 [M]. 北京：清华大学出版社，2017.

[6] 刘岩松. 民航概论 [M]. 北京：清华大学出版社，2017.

[7] 张垚. 无人机驾驶员理论培训教材 [M]. 北京：航空工业出版社，2016.

[8] 任仁良. 维修基本技能 [M]. 北京：清华大学出版社，2010.

[9] 谢志明. 无人机电机与电调技术 [M]. 西安：西北工业大学出版社，2020.

[10] 韦加无人机教材编写委员会. 无人机系统维修与保养 [M]. 北京：航空工业出版社，2021.